积极心理密码：
一门幸福、乐观、向上的学问
BRILLIANT POSITIVE PSYCHOLOGY:
What makes us happy, optimistic and motivated

【英】夏洛特·斯戴尔 著
刘国兵 译

中国社会科学出版社

图字：01-2011-3707

图书在版编目（CIP）数据

积极心理密码：一门幸福、乐观、向上的学问 /（英）夏洛特·斯戴尔著；刘国兵译. —北京：中国社会科学出版社，2012.12
ISBN 978-7-5161-1295-3

Ⅰ.①积… Ⅱ.①夏… ②刘… Ⅲ.①普通心理学–通俗读物 Ⅳ.①B84-49

中国版本图书馆CIP数据核字(2012)第199653号

© Pearson Education Limited 2011
"This translation of Brilliant Positive Psychology：What makes us Happy, Optimistic and Motivated, first Edition is published by arrangement with Pearson Education Limited."

出 版 人	赵剑英
责任编辑	夏　侠
责任校对	栾红宇
责任印制	王　超

出版发行	中国社会科学出版社
社　　址	北京鼓楼西大街甲158号（邮编100720）
网　　址	http://www.csspw.com.cn
	中文域名：中国社科网　010-64070619
发 行 部	010-84083685
门 市 部	010-84029450
经　　销	新华书店及其他书店
印　　刷	北京市大兴区新魏印刷厂
装　　订	廊坊市广阳区广增装订厂
版　　次	2012年12月第1版
印　　次	2012年12月第1次印刷
开　　本	710×1000　1/16
印　　张	14
插　　页	2
字　　数	230千字
定　　价	32.00元

凡购买中国社会科学出版社图书，如有质量问题请与本社联系调换
电话：010-64009791
版权所有　侵权必究

致 谢

在这里我要感谢我的丈夫查理斯,以及三个女儿阿曼达、安娜贝尔和伊丽莎白。在我写书期间,他们给予了我宝贵的支持与鼓励,还有无私的爱。我还要感谢家里的其他亲人和朋友,多年来他们一如既往地鼓励我更好地生活。我遇到很多人,他们以自己喜欢的方式,充实、快乐地生活着,此生有幸遇到他们,本书也算是对他们的一种感谢吧!

致谢单位

经许可本书引用了以下资料,在此谨表谢忱:

引用的图表有:

图1.4选自Pursuing Happiness: The Architecture of Sustainable Change, Review of General Psychology, Vol 9 (2), p. 116 (Lyubomirsky, S., Sheldon, K. M. and Schkade, D. 2005), APA, 经允许后稍加修改;图2.1(左)选自A theory of human motivation, Psychological Review, Vol 50 (4), pp. 370–96 (Maslow, A. 1943), APA, 经允许后稍作改动;图2.1(右)选自Happiness is Everything, or Is It? Explorations on the meaning of psychological well-being, Journal of Personality and social Psychology, Vol 57 (6), p. 1072 (Ryff, C. D. 1989), APA, 经允许后稍加修改。

有些情况,我们无法找到材料的作者。在此真诚欢迎读者提供相关信息,以便我们能够及时与作者取得联系。

目 录

1　积极心理学的神奇之处
历史及背景 / 3
作为一种新的思想，积极心理学是如何产生的 / 4
幸福与快乐 / 5
如何测量幸福与快乐 / 5
研究发现 / 7
没有事情是孤立的 / 7
选择的力量 / 8

2　幸福与心理健康
幸福的两种方式 / 13
幸福公式 / 14
幸福与悲伤 / 15
幸福作为心理健康的一种方式 / 16
心理健康 / 17
你的心理承受能力到底有多强？/ 18
幸福与控制周围环境 / 18
幸福与时间 / 28
幸福与选择 / 32

3 如何建立积极的情感从而幸福起来

积极情感的重要性 / 39

积极的情感作为积极生活的源泉 / 40

如何培养和增加持久的积极情感 / 41

学会忘我 / 47

学会珍惜现在 / 50

如何更加积极地珍惜现在 / 52

从现在开始! / 55

4 做自己喜欢的事情,设立更高的目标

早上醒来你会为新的一天感到兴奋吗? / 58

自然禀赋 / 58

要做真实的自己 / 59

记住学会忘我 / 59

发现自己的长处 / 59

利用长处展示自己的价值观 / 62

价值观是什么? / 63

利用自己长处的三个要点 / 66

目标 / 67

不确定性 / 69

希望 / 70

积极的思维是更好的思维 / 70

为了实现自己的目标,请迈出积极的一步 / 74

过去的经历及对目标产生的影响 / 75

你的行为与价值观相符吗? / 75

目标与担心 / 76

提高自我效能感或自信心 / 76

5 情感健康：与他人及自己建立良好的关系

情感控制 / 82

情感智力 / 83

捕捉自己的情感 / 90

情商对工作的影响 / 91

与你的另一半建立良好关系 / 94

让积极心理学在处理你与爱人、亲朋好友的关系中发挥作用 / 96

关注自我，与自己保持良好的关系 / 101

6 如何增强自己的适应能力

什么是适应能力？/ 106

什么让你成为一个具有较强适应力的人？/ 107

感知所起的作用 / 108

看待问题的方法及归因风格 / 110

让淘气包变得听话 / 111

培养积极看待各种问题的习惯 / 114

乐观的力量 / 116

乐观处理各种事情，增强自己的适应能力 / 118

情感处理策略 / 121

7 找出问题之关键：生活要有目的

为什么我们需要目的/意义？/ 130

如何发现意义 / 132

价值观可以带给我们社会与文化认同 / 135

找出我们真正需要的东西，价值观只是个开始！/ 137

设计一条人生箴言 / 140

真实地生活 / 140

终极目标 / 142

金钱与名誉 / 142
物质享受的代价 / 144

8 聪明起来：增进自己的精神健康
智慧 / 148
培养自己的灵性 / 157
信仰宗教的好处 / 157
有益健康的心理状态 / 160
用心观察 / 167
沉思 / 169

9 积极的健康：如何增进身体健康，使自己更长寿
身体健康 / 175
享受快乐，增进健康 / 182
如何培养健康的习惯 / 186

10 让积极心理学在工作中发挥作用
应用在个人表现及成绩方面的积极心理学 / 191
应用在工作关系方面的积极心理学 / 197
工作中如何提高自己的交际技能 / 199
积极心理学与有意义的工作 / 203
改革型领导 / 205
工作中的幸福感 / 206

后 记
选择 / 208
复杂性 / 209
创造力 / 211

附 录

第一章 01

‖ 积极心理学的神奇之处 ‖

这世间，谈得多懂得少者，或莫过于人生之幸福。

塞内卡 公元前3年—公元62年

积极心理学告诉我们什么可以带来幸福。它关注我们的生活、思想以及行为等所有能够影响健康和幸福的方方面面。基于科学的研究，积极心理学为我们提供有助于健康向上、充实快乐生活的基本素质与技巧。它不仅使我们更加"积极"，而且让我们成为最好。它将帮助我们理解和学会如何更好地体验生活的点点滴滴。

一些相关研究成果给我们展示了保持乐观、学会感激、积极思考、举止慷慨、理智选择以及乐于交际所产生的力量，这些研究非常有趣。

积极心理学主要研究和探讨有助于"自我实现"以及发挥自身最大潜能的种种因素，但不仅限于此。积极心理学谈论的是如何积极而精彩地生活。

积极心理学可以告诉你：

- 为了保持积极心态，你需要做什么
- 为什么保持乐观不仅仅是只看到事物好的一面
- 什么使你更加长寿与健康
- 人际关系的特点及重要性
- 人们为什么喜欢变化与挑战
- 为什么应该满足目前的拥有
- 接受自我的重要性
- 让生活拥有目标和意义很重要
- 为什么了解和发挥自己的长处对你的幸福很重要
- 怎样让生活变得如同我们想象的那样美好

研究显示，一个人的富裕程度并不与其幸福指数成正比。当我们不再为支付日常的账单而发愁时，我们对生活与幸福的满意程度并没有显著增加。

而实际上，当我们的收入超过了一定限度，幸福水平就会明显下降。

所以，满足当前的拥有，把钱捐给他人，这样可以使你更幸福!

最新研究显示，当人们的生活变得富有时，那些乐于捐赠的人比随意把钱财花掉的人更幸福。

历史及背景

作为一门科学，心理学从一开始就研究人们的大脑，但后来其成果大多用于发现和解释非正常的心理现象。而积极心理学的出现使心理学这个学科又重新回到研究人们的大脑上。

观察、思考以及指导人们如何幸福地生活对我们来说并不新鲜，在心理学研究领域也不是一个新的话题。过去几十年来，人们在心理学领域做了大量的研究工作，最为著名的有高顿·艾尔伯特、亚伯拉罕·马斯洛、卡尔·罗杰斯等。近年来，认知行为疗法得以普及，生活指导和神经语言学在过去二十多年来也得到快速发展，这些都见证了积极心理学家们所做的大量卓有成效的工作。很多情况下，心理干预成了指导我们生活以及实现自我发展不可或缺的一部分。例如感激、调节、想象、设定有意义而且易于实现的目标、关心他人、改变心态、发挥个人长处等都依赖于心理学及哲学知识。

作为一种独特而新颖的思想，积极心理学有其自己的研究目标。它集社会学家、人类学家、临床心理学家、遗传学家、生物学家、心理学家、哲学家以及我们人类的常识于一身，在人类历史上第一次发展成为一个综合的完全学科。她关注和研究有利于促进我们个人健康成长、社会繁荣发展的所有因素。

书店里各种各样的书籍浩如烟海，表面上看，这些书籍有效地提高着人们的生活质量。但事实上，多数图书会被销售人员封存起来，而没有得到很好的研究和利用。积极心理学以大量的事实向我们展示，注意个人日常行为的确可以提高一个人的生活质量。在这一新的理念指引下，所有关于人类积极性的研究都将第一次综合成为一个学科。

但有趣的是，很多研究发现，我们普通人用于促进自身健康的多数方法与心理健康专家采用的方法正好相反。对于治疗人们的精神问题，什么方法最有效？心理学最近几年的研究重点并不是我们普通人所使用的方法。我们普通人所使用的方法及看法与积极心理学主张的方法极为相似。

目前在欧美国家，很多法律工作者、教师、医生、商业公司、公共机构以及个人都在使用积极心理学的成果。生活中没有哪一件事情比了解什么能够使我们积极向上更为重要。

作为一种新的思想，积极心理学是如何产生的

积极心理学诞生在美国的新墨西哥。正是在这里有了马丁·塞利格曼博士和米哈伊·奇克森托米哈伊的一次偶然相遇。塞利格曼听到有人（此人正是米哈伊）在海上呼救，然后就把他救了上来。在这次特殊的相遇之后，两人发现他们的工作领域如此相似：都在研究哪些因素可以有效促进一个人的心理健康，从而使其积极地生活。奇克森托米哈伊研究生活和谐的内涵，塞利格曼则把他的研究应用于先天性灾难恐惧症，以便更好地理解那些有能力抵制和应对灾难的人。积极心理学作为一门全新的学科诞生了，心理学家在以下方面以及其他领域的研究成为了这门新兴心理学的基础。

积极心理学的主要概念有：

- 乐观主义
- 基于长处的心理学
- 忘我
- 主观性健康
- 心理健康
- 幸福
- 选择
- 感激
- 时间观
- 积极情感

- 情商
- 目标
- 自我认同与自我价值
- 希望
- 适应能力
- 意义
- 目的性
- 智慧
- 精神实践

本书将带领我们认识和了解以上每一个概念。除此之外，还将告诉我们，在具体生活实践中如何应用。在了解这些概念之前，我们首先需要弄清楚什么是健康、如何来评价一个人的健康状况。另外，我们还需要简单了解积极心理学的研究内容，并且熟悉积极心理学上的一个核心话题：个人选择。

幸福与快乐

尽管人们经常用幸福来指代快乐，但一般意义上的幸福要比快乐包含更多内容。当我们描述幸福生活的时候，快乐、幸福以及生活美满等词语通常交织在一起。当一个人对生活的各个方面都感到非常满足，从心眼儿里感到快乐的时候，用"内心幸福"来形容这个人再合适不过了。要知道，幸福是积极情感得以量化的基础。

如何测量幸福与快乐

积极心理学研究影响我们生活质量以及健康长寿的各种因素，从拥有幽默感到如何有效地解决问题以及如何从灾难中恢复。实际上，积极心理学家们在研究中使用的方法和用于测量的方式有成百上千种，甚至包括对过去的观察。所有工作内容都为发现和研究影响我们幸福的因素服务，幸福是积极心理学所探讨的永恒主题。积极心理学是关于幸福的科学，生活中我们如何选择自己的行为以及哪些因素和特点会影响这些行为将是积极心理学研究的核心内容。

 经典实例

一项研究中，积极心理学家爱德华·狄安娜对超过10万名来自45个不同国家的人做了调查，调查内容包括测试他们是否幸福以及对生活的满意程度。调查结果发现，以0到10的量表为标准，他们的平均幸福水平是6.75。

目前最为著名的、也被大家广泛接受的测量主观幸福指数的量表叫做生活满意度量表（狄安娜等，1985），共包括五个测试项（见下文）。那么既然说到这里了，我们强烈建议读者们去尝试一下，试着回答这些问题。

小练习

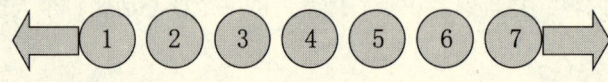

1 多数情况下，我的实际生活与理想状态比较接近
2 我的生活境况很好
3 我对生活满意
4 到目前为止，我得到了生活中想要的重要的东西
5 如果生活能够重来，我几乎不会改变什么
把你各题所得的分数相加，求出总分：

- 31–35   完全满意
- 26–30   满意
- 21–25   有些满意
- 20   态度中立
- 15–19   有些不满意
- 10–14   不满意
- 5–9   完全不满意

研究发现

通过研究发现，基因很大程度上决定了我们的幸福。多数人出生时都具备了获取幸福的基因，一些幸福的人比其他人要多一些。所幸的是，这些状况可以改变。此书将告诉你最幸福的人平时都做些什么，以及如何利用积极心理学知识来帮助自己培养起享受幸福与快乐的人生态度。

快乐是幸福的核心，因为它是一个人感觉良好的表现，拥有积极的情感是一切都好的暗示。我们必须时刻提醒自己，快乐是生活的一种副产品；如果我们对快乐求之过急，或者反复追问自己是否幸福，那么它就会离我们而去。事实上，世界上有很多种保持快乐的方法。

没有事情是孤立的

世界上没有任何独特的东西能够成为打开幸福大门的金钥匙。越来越多的研究显示，幸福其实与我们日常所思、所做的所有事情都密切相关。唯一需要注意的就是，因为影响我们幸福的因素实在太多，以至于专注于其一而顾不了其余。几乎所有的快乐与幸福都与我们的思想、感情、身体以及精神息息相关。我们在生活中注意了一个方面，就自然而然地带动了其他方面。

幸福的各个方面都是相互联系的。当我们觉得其中一个方面对自己有益时，就可以马上去做。下面就是这些方面相互联系与影响的典型例子：

- 运动可以影响我们的身体、精神以及心情
- 感觉良好有益于我们思考问题，也有利于身体健康
- 感情可以促进不同思维能力的形成
- 思考的内容影响心情的好坏
- 学习新事物有助于改善我们的心情和精神状态
- 从奥斯维辛集中营中幸存下来的人，其精神比身体更强壮
- 精神健康影响身体健康
- 身体、情感、心理以及精神的统一可以有效拓展自我

 小练习

不妨试一下，尽量不要去想柠檬味大麦茶的味道。接下来的两分钟也不要想着喝柠檬味大麦茶的情景，看看会发生什么？

大脑总是给我们开玩笑：当我们越是有意不去想某事的时候，我们的大脑越是故意提醒我们去想某事。它不会让我们选择遗忘，这样就进入了一种恶性循环。回想一下你的经历中有没有这种情况，当你看着果汁流口水的时候试着不去想它的味道；当我们老是想着某件不高兴的事，或者下定决心改掉某种坏习惯，比如过度饮食、抽烟等，或者当我们情绪非常低落而试图高兴起来，这时候这种恶性循环就又开始了。情绪影响我们的思维，所以控制有些情绪很困难。但有趣的是，我们的思维又可以诱发某些情绪。就像刚才大麦茶的那个例子一样，仅仅试着不去思考那些不高兴的事情，实际上会令我们更加不高兴。

积极心理学可以帮助我们认识和发现那些促进积极思维与情感的因素，这种方式不需要我们与自己作斗争。与自己作斗争、努力克服缺点与恐惧，甚至想着让自己永远远离悲观与愤怒，这样不但不会让我们的心情好起来，相反还会产生更多的消极情绪。了解自己的长处，使自己乐观起来，让我们的生活变得更加简单，不管是长远还是现在，我们都会感到更幸福。生活中我们要知道哪些做法有利于增进我们的幸福感，学会分清好与坏，从而活出真正的自我。

选择的力量

积极心理学的研究内容与我们的生活息息相关。更为重要的是，它提醒我们如何选择。

以下是可供我们选择的有关幸福生活的几种处事方式。在日常生活中，这些处事方式会影响我们的选择，也会影响我们做出各种选择的理由。更为重要的是，还会直接影响一个人的思维与感觉。所有这些影响都是我们个体的一部分，只有我们自己可以改变这些影响。

1. 需要与看重的东西。人们因需要而选择，而个人需要又因人而异。你

需要的东西对你来说最重要，是你生活中较为看重的东西。

2. 对人对事的反应。别人的所作所为，你怎么反应由你自己来决定。其他人的行为影响你的抉择。

3. 尊重社会与文化规则。你选择这样做是因为大家都这样做。你选择那些你认为必须做的事情，这是因为，在别人看来那些事情是你必须做的。实际上这时候你是在选择一种社会与文化的规则。

4. 拥有自主权。你的选择完全自由，没有任何限制。为了获得快乐，你选择新鲜、刺激以及自己都不太确定的事情。

5. 认真思考。你选择去做某件事一定是因为它对你来说有意义。

6. 出于习惯。你往往根据习惯进行选择。有些时候甚至盲目选择自己经常做的事情，做出决定之前没有经过深思熟虑。

7. 充分的了解。选择自己了解的且对自己有意义的事情去做。当你了解了为什么想去做某事的时候，你就有理由去选择它。

心灵感悟

积极心理学会告诉我们最幸福的人如何进行选择，他们为什么这样选择。

你现在决定选择什么？

你对变化较为敏感并且乐于接受吗？

你对当前拥有的一切感到满意吗？还是想要更多？

你是按照自己的还是别人的方式在生活？是你自己选择的吗？

遇到问题，你会选择放弃还是主动去解决？

你学会从错误中吸取教训了吗？还是仅仅认为它是个失败？

你选择沉浸在过去还是选择主动展望未来？

你选择稳妥还是冒险？

对于自己的财富，你选择慷慨助人还是觉得自己拥有理所当然？

你选择批判自己和他人？还是总是试图发现自己和他人的优点？

以下几章会详细讨论这些问题：

第二章将深入讨论幸福与心理健康是什么，探讨为什么我们的选择会影响幸福。

第三章主要讲述拥有良好心情的重要性，为什么我们要努力保持好心情，以及让自己幸福更持久的秘诀是什么。本书作者还会带领你从当下开始，去发现和体会更多的快乐。

第四章介绍了如何了解自己的长处，如何更好地激发自己的生活热情以及如何设定自己感兴趣的目标。

第五章主要探讨情商问题。阅读本章，会使我们更多地考虑感情问题，时刻提醒自己，我们个人的感情与别人的幸福有着千丝万缕的联系。

第六章作者将与我们分享积极心理学在人类适应能力上的新发现。我们将详细地了解一个人如何思考，什么可以改变我们的思维方式。另外还告诉我们保持乐观以及采取其他相关策略，可以帮助我们更好地处理生活中的大事和小事。

第七章告诉我们为什么具有明确目标的人更容易成功以及如何使自己的生活变得更有目的性，从而更有意义。

第八章讨论了智者的共同特征。告诉我们为什么信仰宗教的人往往更幸福，同时也讲述了使自己更幸福的精神生活方式。

第九章提醒我们要有一个健康的身体。身体健康是精神健康的前提和基础。

第十章讨论了积极心理学在各种工作场合的具体应用情况。

第二章 02

‖ 幸福与心理健康 ‖

要是停止想象与刻意追求幸福,我们就真正幸福了。

——艾迪斯·沃顿 1862—1937

这一章主要讨论以下几个问题：什么能够使我们变得幸福；如何才能获得真正意义上的幸福，而不是贪图一时的快乐；幸福的基础是什么。此外，本章还会让我们了解到以下知识：一个人的幸福与活力主要建立在六种心理需求之上；一个人的时间观念对幸福有着很大的影响；如果我们选择幸福可能就会真的幸福，但更多的选择并不能给我们带来更多的幸福与快乐。

真正的幸福决不是转瞬即逝的快乐。我们为什么而幸福、幸福的含义到底是什么，这对我们每个人来说，答案都不一样。幸福是我们工作与生活经历的附属品，当我们幸福的时候，不管是自己的生活还是我们对他人的影响，都会变得积极有趣。了解到这一点对我们来说很重要。

心灵感悟

清楚地了解什么可以给我们带来幸福要比盲目追求和寻找幸福更有效，后者只能减少我们的幸福感。

许多人认为以下事情可以给他们带来幸福：

- 更多的钱
- 更好的住房
- 减肥
- 买辆新汽车
- 找份新工作
- 拥有新的男/女朋友

尽管这些事情的确可以让我们感到幸福，但其影响是短暂的。幸福和快

乐的真正根源在于你如何去行动，还有如何看待幸福这件事情。

幸福的两种方式

有两种方式可以使我们马上感到幸福：

1. 努力从当前所做的事情中发现快乐，主动让自己对它产生兴趣，让自己现在就快乐起来。

2. 对当前自己所拥有的东西感到满足，这会带给我们一种更为明显、更为持久的幸福。

1. 快乐主义的幸福

第一种幸福，也就是"让自己现在就快乐起来"。在古希腊的时候，人们把这种幸福称之为快乐主义的幸福，也叫短暂幸福。利用这种方式寻求幸福的人我们称之为快乐主义者。享受幸福，试着让自己现在就快乐起来，这是一种非常有效的方式。实际上，所有的快乐也只有在当下才能被真正地体会到。快乐主义的幸福是一种让我们马上就可以体会到的积极情感，例如喜悦、愉快、激动，等等。这种幸福会让我们印象非常深刻。

但是，问题在于，很多能够给我们带来幸福的东西在我们的生活中并不能持久。我们很快适应了拥有这个东西的那种快乐，所以时间长了，它就不会再给我们当初的那种幸福。甚至买彩票中了头奖的那种幸福感也仅能持续很短的时间。我们生活在一个仅能得到暂时满足和幸福的世界，这种现象我们称其为"快乐黑洞"。在这个黑洞中，世界需要永无休止地满足我们的贪婪。给幸福和快乐创造机会，从而避免"快乐黑洞"将是本章与下一章讨论的主要话题。

2. 持久幸福

第二种幸福是持久幸福，英文是"Eudemonic Happiness"。这个术语很有意思，它是指更为持久的长期幸福感。持久幸福包含一种成就感与满足感。"Eudemonia"这个词来源于古希腊哲学，指的是个人"真实自我"所具有的潜能及潜能的实现。积极心理学通过研究，得出了与古希腊哲学家同样的结论：发挥一个人的最大潜能，就会给他带来巨大的成就感与幸福感。

相对于第一种幸福而言，很多人会认为第二种幸福是有价值的。然而，把其中一种幸福与另外一种幸福相比较，就违背了我们的初衷；生活中我们既需要持久的幸福，也需要短暂的、即时的幸福。通常情况下，从当前所从事的事情中得到快乐，往往会成为让我们取得更大成就从而有效发挥个人潜能的关键。当我们享受快乐的那一刻，并且一定程度上我们所享受的快乐拥有增长和发展的空间，这时候我们的好心情就不再是转瞬即逝的快乐了，而是可以转化为持久幸福的源泉。下面我们将对此进行详述。

苦恼来自于无限制的欲望。

宗教，特别是东方宗教（比如佛教），通常教会人们如何放弃欲望，从而丢掉烦恼。

西方文化往往采取满足欲望的方式来抛弃烦恼。

幸福公式

积极心理学研究专家谢尔登、柳博米尔斯基等发明了幸福公式，他们把自己的研究分为三类，也就是构成幸福的三个方面（如图2.1）：

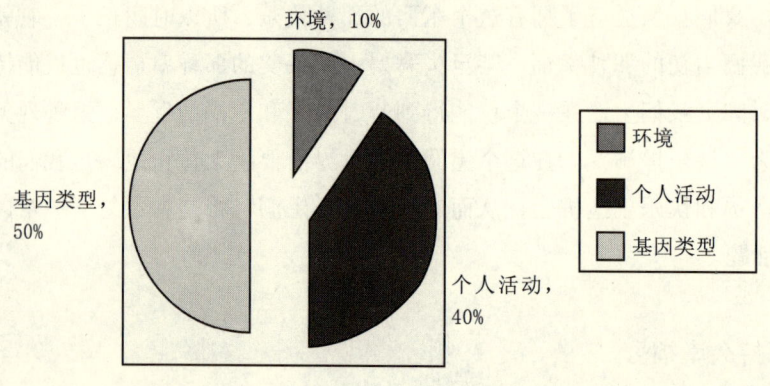

图2.1

- 你的基因可以决定幸福程度的50%。这是一个人与生俱来的幸福能力。
- 生活的环境，能够影响我们幸福的10%。这既包括我们能够改变的东西，也包括我们无法改变的东西。比如周边环境、生活以及工作的地点、婚姻状况、工作性质、交通、健康以及经济状况等。
- 所有的个人活动，大约可以决定我们幸福的40%。包括我们为了快乐所做的一切事情，既有暂时的，也有长远的。

有一点需要提醒大家，我们的生活状况在影响幸福的所有因素中所占比重最小。贫穷与富有、健康与不健康，这些生活状况与你看待幸福的态度相比，所起的作用显得微乎其微。索尼娅·柳博米尔斯基列举出以下几项最幸福的人所表现出的共同特点，其他从事积极心理学研究的专家也发现了类似特点。

- 积极参加社会活动，愿意花费时间和精力与家人、朋友待在一起。
- 对生活中自己拥有的东西充满感激，并且经常挂在嘴边。
- 乐于帮助他人。
- 对未来持乐观态度。
- 喜欢当前的生活，充分享受生活的乐趣。
- 坚持每周运动，经常是每天一次。
- 坚持自己的理想与追求。
- 有勇气并能妥善应对和处理遇到的困难、灾难或不幸。

下面我们还会进一步讨论这些特征。停下来想一下，这些特征中，有哪些适用于你自己。

幸福与悲伤

我们身边总有一些这样的人，无论发生了什么事情，也不管事情是大是小，总是为自己找借口去诉苦、抱怨，总是埋怨上天对自己不公平。同样，我们身边也不乏总是面带微笑、积极乐观的乐天派。当然，这并不是说我们不能有伤心的时候。有人看到一个正在哭泣的和尚，感到颇为不解。因为这个人想当然地认为，信仰佛教就意味着永远快乐。这个和尚说道："我的朋友去世了，我怎能不哭呢？"不幸的事情的确令我们伤心。卡利尔·朱卜兰所著《预言家》中关于"喜悦与悲伤"一章在我看来主要就是讲的这个问题。

15

幸福与悲伤总是接踵而至、并肩而来，能够给我们带来喜悦的东西同时也有可能给我们带来痛苦。享受快乐与喜悦是我们生活的一部分，同样，经历悲伤与痛苦也是我们生活的一部分。幸福的人能够坦然接受悲伤，而不是与其斗争或干脆忽视它的存在。幸福的人也有不高兴的时候。

积极心理学经常被人们误认为只是注重或鼓励积极的一面，因为乍一看来，好像真是这样。但我们必须知道，关于"幸福"的事情绝不仅仅是方法好坏的简单问题。

 要想真正理解幸福的含义，就要把它作为一种生活的回报而不是目标。

安托万·迪·森特·埃克斯求伯雷 1900—1944

幸福作为心理健康的一种方式

心理健康不是幸福，但幸福却是心理健康的重要表现方式。幸福、喜悦、成就感、满足感以及激动都是心情愉悦的表达方式，然而，悲伤、痛苦、愤怒和恐惧则是情绪低落的表现。

当我们把真正的消极情绪和那些由于没有达到自己的目的而产生的消极情绪混淆起来，那么问题就产生了。心理健康是古希腊哲学中快乐主义的现代版，积极的情绪是生活满足的附带品。幸福感是幸福生活的重要组成部分，但幸福的生活决不仅限于此。对于生活的幸福感、满足感以及满意度是衡量一个人自我实现和生活幸福的重要指标。但是，只有在满足了所有的基本心理需求之后，我们才有可能真正高兴起来。

在研究这些基本需求方面，最为著名的心理学家要数亚伯拉罕·马斯洛了。马斯洛的需求层次理论（见图2.2）很能说明问题，但是这个理论仍旧可以被扩充和完善；生活不仅仅是满足我们自己的需求，它还有很多更为重要的东西。细心观察就会发现，那些真正幸福的人其实非常乐善好施。后来也的确证明，马斯洛在前五种需求的基础上，又增加了第六种需求，那就是自我超越。自我超越包括大公无私、为人博爱以及对他人富有同情心等。也就是说，一个人要想幸福，除了满足自身需求之外，还要考虑自身以外的东西。

心理健康

心理健康，简单说来就是精神正常，心理没有问题，在积极心理学中，它是一个重要的考查指标。积极心理学家卡罗尔·里费尔研究后发现，要想真正过得幸福，我们需要做好六个方面的事情。这六个方面对一个人达到最佳心理健康状态，从而过上真正幸福的生活至关重要。

心理健康的重要因素：

1. 环境掌控
2. 自主性
3. 有明确目的
4. 个人成长
5. 自我接纳
6. 保持良好的人际关系

它们之间没有等级关系，尽管这些因素与马斯洛所提出的需求（见图2.2）同样重要。这些因素都是传统心理学研究人们心理状况时所使用的主要方法。我们可以坐下来，对照这几项指标，仔细查看一下哪些方面需要我们特别加以注意。

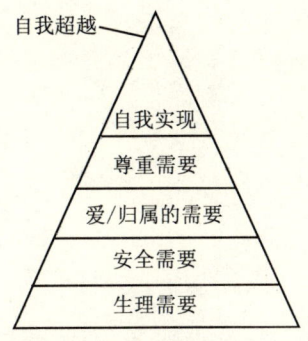

图2.2 马斯洛的需求层次理论模型

图2.3 里费尔的六因素模型

你的心理承受能力到底有多强？

幸福与控制周围环境

生活充满挑战，从最基本的生活技能，到对自己的能力充满自信，挑战无处不在。

新生的婴儿对我们来说就是快乐与挑战的综合体，当我们对自己照顾婴儿的技术越来越自信时，快乐就会增加。同样，当你知道自己已经掌握了需要的技能之后，挑战性的工作对你来说就会使你对自己更满意。对环境的掌控要求我们具备组织和进行各种活动以及有效利用机会的能力。

请记住这个幸福公式：10%的幸福决定于我们的生活环境。你不能成为环境的完全掌控者，但如果你想更成功地掌控环境，认清哪些可以改变哪些不可以改变显得尤为重要。你觉得你掌控周围的环境了吗（或许你还没有意识到其实你已经在掌控环境）？还是一直任其发展？

小练习

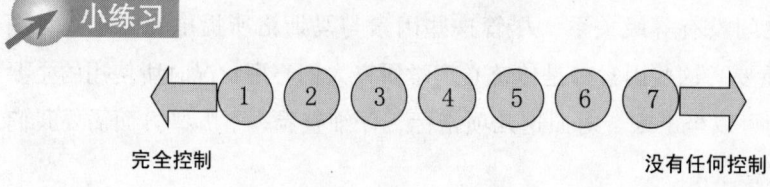

完全控制　　　　　　　　　　　　没有任何控制

花费一两分钟时间，看一下你对生活中各个方面的掌控有多少。

- 工作
- 家里，或自己生活的地方
- 经济情况
- 社会生活
- 爱情/性/感情生活

请写下周围环境中令你感动的三个方面：

请写下你想改变的一种生活情况，或者你想更好地去处理生活的一个方面。描述一下怎样才能使这些事情更容易操作。

目前你有什么样的机会可以帮你更好地处理周围的事情？

以上问题可以帮你了解自己能够从多大程度上控制周边环境。

请记住，你不能掌控周围所有的事情，但至少你可以掌控一些重要的事情，从而使它们向更好的方向发展。掌控，或者只是具有掌控的意识，来自于对生活的认识和处事的技巧。有了这种意识，我们就会了解并且接受那些我们无法改变的东西，同时努力去改变那些可以改变的。

具备一定的掌控能力，总是努力做好身边的每一件事，这是增加我们幸福感的一种方式。我们周围的环境总是在变，我们周围也总是有些事情无法改变，但我们对待它们的态度可以改变；能够及时改变自己的态度与看法是我们掌控环境最为有效的方法之一。

你需要乘车上下班吗？研究显示，为了上班长时间坐车明显影响一个人的幸福感，对我们提高生活质量也极为不利。坐车上下班是带来烦恼的一个原因，也是让人们感到很无奈的一件事情。无奈会增加一个人的烦恼；交通拥堵、上班迟到以及公交拥挤都会让人们感到无奈。这种影响非常明显，以至于有些收入较高的白领从拥挤的城市里搬出来，到郊区住上很好的房子之后仍然觉得不幸福。可是，从另一个角度看问题，如果能够把上下班时间看做是一种有用的资源，比如利用这段时间听听音乐、看看报纸，那么人们就会过得幸福多了。

幸福与自主性

拥有自主性意味着不管什么情况下你都能够自由地选择和独立地思考。遇事有自己的主见，能为自己的行为负责，这对个人来说是非常重要的。

一些研究也证明了掌控与责任的重要性。比如在疗养院，一些病人能够根据自己的喜好选择电视节目、安排探病时间、决定家具的摆放位置，或者让他们照料一些花草；而对于另一部分病人，所有工作都由医护或工作人员来做。前者不但生活得更幸福，而且在对待生活的态度上更积极，大脑反应也更灵敏；两年以后，前者仍旧健在的人是后者的两倍。

自主性是激发一个人活力的主要因素。一个人拥有自主性就意味着他能够独立思考。

没有自主性的表现有：

- 自己做出决定之前过分依赖别人的观点和判断
- 屈从于社会压力
- 放弃既定目标

拥有自主性表现在：

- 知道自己喜欢做什么
- 对自己的思想与行为负责任
- 能够独立地思考与做事

如何增强自主性：

- 制定符合实际的目标，寻求他人的帮助
- 不要反复思考与犹豫不决
- 防止消极的自我评价，学会说"我能"（详见第六章）
- 多做自己喜欢的事情（见第四章）
- 负起责任（见第八章）

当你因为喜欢某事而选择去做的时候，不为别的，就因为乐趣，那你的热情是从内部，也就是自己的内心被激发的。这种源自内心的动力要比外在的刺激或某种奖励带来的动力更为强烈。

金钱的刺激能够提高我们从事低智商劳动的积极性；但是一旦碰到需要我们开动脑筋去解决问题的时候，金钱刺激不但会减弱我们内心的积极性，而且也会直接影响做事的效率。

经典实例

在小孩玩智力拼图游戏时，如果事先告诉孩子完成游戏后会给予什么样的奖励，那么孩子玩游戏的积极性就会大大降低。

以上例子以及其他的研究都已经证实，当内在的、自主的积极性被外在的奖励所削弱的时候，就会出现所谓的"过度纠正效应"。过多的奖励以及目的性很强的刺激与鼓励都会降低一个人的积极性（这种效应也会在我们开动脑筋、努力思考的时候发生）。

掌控是一个人内在的需求。拥有自主性以及对环境进行有效控制，就会让我们找到掌控的感觉：

- 自主性可以给予我们动力，让我们建立自信。
- 学会并掌握与人相处的技巧可以增加我们的掌控感。

小练习

完全按照自己的意志，自由思考和做事，这是一种让我们感觉很棒的力量。回答下面的问题，之后你会知道什么时候自己感到最自由。本书中所有问题的答案都是你感兴趣的，当你做完了所有的题目之后，你就会清楚地了解自己的长处与不足。

你什么时候感觉自己的才能得到了最大发挥？

你什么时候感觉行动真的很自由?

你会在什么时候负起责任?

当你讲出自己真实想法的时候,你是否注意过自己真正在意的是什么?

当你感觉非常自由的时候,你通常做什么?在你所做的事情中,哪些是你发自内心喜欢的?

幸福与目的性

有了明确的目的对我们来说意味着什么?目的意识到底能够给我们的选择带来多大影响?简单说来,拥有明确的目的能够让一个人朝着自己的目标前进。它可以激励人们向更高的目标努力,在给我们带来满足感的同时,让我们享受到真正的幸福。有些时候我们或许能找到自己满意的工作,也或许工作上能够得到别人必要的指导。但是如果你没那么好的运气,工作上没有人给你进行指导,那么你怎么知道哪些事情才是你必须做的呢?寻找你认为重要的东西,真正了解你最需要做的事情,这是树立具有真正意义的人生目标的开始。如果你具有了目的意识,那么你就拥有了可以拓展事业的明确目标,你现在所做的一切对你来说才真正有意义。

- 现在你知道自己的目标是什么吗?
- 现在的你是为了什么在努力?
- 对你来说最有意义的事情是什么?

稍后我们将在第七章详细讨论这些问题。

幸福与个人成长

可以通过个人成长来了解什么对你来说最重要。个人成长需要你积极面对各种变化,能够很好地适应和处理生活中的各种幸福与不幸。同时,还能够充分发挥自己的潜能并拥有持续发展的意识。

一些研究显示，拥有发展意识与只关注眼前利益是成功人士与非成功人士的最大区别。持有发展意识的人总是不断地学习。一个人的学习与适应能力是决定幸福与否的关键因素。每个人都会面对挑战与变化，当我们喜欢学习的时候，我们自然就会拥有发展的心态。挫折与失败是提高和锻炼自己的绝佳机会，持有发展心态的人喜欢面对挑战和变化。

在卡罗尔·德克所著《心态：走向成功的新式心理学》这本书中，她明确告诉我们，对自己的能力以及我们生存的这个世界保持一种开放的心态会促进我们成长；而对其持有保守态度不但会隐藏和埋没一个人的潜力，而且还会破坏我们享有幸福的可能。她还提出，作为一种文化，我们不应主张人们与生活进行过分地抗争。特别是青少年，当他们面对挫折和困难的时候，更不应该如此。

 没有犯过错误的人，也没有尝试过新的东西。

艾伯特·爱因斯坦 1879—1955

拥有发展的心态，你就会：

- 对于新的思想保持开放心态
- 总是不断地学习（特别是从失败中）
- 喜欢挑战
- 相信自己的能力在发展
- 相信生活、人与人的关系以及人类本身在进步
- 保持良好的同事关系

持有保守的心态，你就会：

- 相信能力与智力是天生的
- 对人对事喜欢挑剔
- 限制自己的发展——总是害怕挑战和灾难
- 认为如果需要刻意与别人保持关系，那么这肯定是不正常的
- 那些为目标而努力的人是不明智的，因为世上万事万物总是水到渠成

测试一下你对变化和发展的态度。

请想象你遇到过的一次困难或经历过的一段困难时期。

你从中学到了什么？

从此以后你发生了什么样的变化？

因为这件事你哪些方面得到了提高？

对于这次经历，你感激的方面是什么？

个人成长的类型：

- 智力成长，包括对这个世界了解的增多以及逻辑思维能力的发展
- 情感成长，也就是感情的发展
- 经验成长，利用已有的经验，促进自己积极地发展与变化
- 自我知识的增长，就是对自己了解更多，这些知识有助于寻找更多有利于发挥自己潜能的机会

研究发现，与心态封闭的人相比，持有发展心态的人对自己以及自我能力的评估更为现实。对成长、发展以及学习保持开放心态并不意味着对自己能力的过高估计，而是对将来出现的可能性较为乐观。

测试一下你属于开放心态还是封闭心态。

阅读下面几个句子，看一下你同意还是不同意这些观点：

1. 你就是你，不能轻易改变
2. 我认为每个人都有可能发生变化，不管什么类型的人也都有可能改变
3. 你的主要方面不能改变，唯一能够改变的就是做事方式
4. 你总能改变自己的类型

[如果你同意1和3，你就属于封闭类型；如果你同意2和4，你就属于开放类型。]

如果你非常同意1和3的说法，请试着想一下，总是相信人们不可以轻易改变对你来说可以带来什么。另外，更为重要的是，如果你选择2和4，那么你的生活会有什么样的变化？然后：

列举一下你在哪些地方可以学到更多。

_____

_____

为了提高生活质量，你需要学习什么？

_____

_____

本书第六章会让你更详细地了解自己所属的类型。

幸福与自我接纳

要知道这个世界人无完人。如果你想让别人成为完美的人，那你首先自己要做到——这太难了！假如有一天你被邀请到朋友家里做客，饭菜味道鲜美、房间洁白无瑕、女主人漂亮无比，各方面都显得那么完美，那么你是否也会想到邀请对方到自己家里来做客呢？事实上，我们要能容纳别人的弱点、短处以及错误，就像我们喜欢他们的优点一样。其实我们也希望别人能够接受我们的一切，当然也包括缺点。为了让自己满意，招待客人时，你试过让自己也变成完美的主人吗？你是否能够接受自己的缺点和一切？自我接纳不同于自我尊重。自我尊重是自己的感觉，而自我接纳是全面地了解自我，从而接受和喜欢包括缺点在内的自己的所有东西。

自我接纳需要对自己保持一种积极的态度。对别人的评价与看法特别看重的人更容易误解别人的反应。不经意的一次忽略或误会就会导致他们反应过度。能够接纳自己，意味着真正地了解自己，包括自己的长处与短处。在后面的第五、六、七和八章，我们还将详细讨论。

自我接纳的两个重要方面包括：

1. 对过去持有积极的心态
2. 相信自己的看法，不轻信别人的评价

- 对于自己的过去，你持积极还是消极的态度？
- 是否只有别人夸奖和喜欢的时候，你才感觉自己很棒？

小练习

想一下从十岁时到现在，你都取得了哪些成功？试着一一列举一下。

试着回想一下小的时候你曾经面临的挑战，或者对你来说具有积极意义的事情。因为我们经常把小时候对某事的看法和观点带到成年，有些事情在小孩子看来是坏事，但结果可能恰恰相反。想想小的时候，你都取得了哪些成功；在你取得的成功中，有哪些是被你忽略的？再回想一下最能展示你的能力或者发挥潜能的事情是什么。如果你觉得完成这些事情对你来说有困难，找其他人帮你一下。

幸福与良好的人际关系

与他人相处、和朋友保持联系、经常与别人交流是人类的基本需求。良好的人际关系是个人幸福的源泉，对于一个人的心理健康尤其重要。

所以，惩罚一个人，最常用的方式就是去孤立他。

心灵感悟

幸福的人有几个显著特点，就是拥有积极的社会生活、若干知心朋友以及一个理想的人生伴侣。

幸福的人都是喜欢交际的人，但是拥有良好的人际关系是否就幸福，或者幸福的人是否一定拥有良好的人际关系，目前为止还没有研究证明二者之间存在必然联系。拥有知心朋友、家庭关爱以及一个理想的人生伴侣不仅会增进你的心理和身体健康，而且还对整体状况和长寿有着明显的促进作用。

心理学家迈克尔·阿基拉提出三种可以满足我们基本关系需求的因素：

- 直接的帮助
- 感情上的支持
- 陪伴

他同时发现，我们一生中的重要关系往往随着时间的改变而发生变化。在孩童时期，我们有父母陪伴；青年时代有心爱的他/她相随；而到了老年以后，友情又成为最重要的关系。

关系的质量比数量重要

拥有值得信赖的知心朋友是最令我们感到幸福的一件事情。有少数几个知心朋友，比结交很多关系一般的朋友要强得多。

快乐地走入婚姻的殿堂对一个人的幸福、健康以及生活的各个方面都至关重要，结婚的人比单身一族更幸福。

与他人友好相处需要我们有同情心、敢于相信别人、对他人充满关怀以及必要的感情投资。富有博爱、合作以及开放心态的人更喜欢享受一种亲密的社会关系，喜欢把这种关系当做生活中的一大乐事。如果你心态不够开放、也不能与他人分享自己的快乐，那么你就会发现与别人建立一种亲密关系是一件非常困难的事情。

对于信任我们的人，我们一定要相信他们；对关心我们的人，我们也一定要给予关心。

与他人所有的交往几乎都包含某种程度的互惠互利；我们得到什么，也会给予别人什么——不管是好是坏。心理学家乔纳森·海特认为，互惠这种观念已经融入我们每个人的心灵，这不仅仅是因为我们得到什么也会付出什么，而是还有另一方面的原因，那就是我们总是通过自己的不满或赞许来评价他人。

心灵感悟

我们因为互惠而彼此联系在了一起。在心理学家费尔·孔兹所做的一项实验中，他共给陌生人发出578个圣诞卡片，上面有他给收信人写的圣诞祝福。后来他收到117个回复的贺卡——从此以后,有些甚至成了经常联系的亲密朋友。

如果可以通过这种方式与他人联系,那么是什么阻止了你主动联系别人?看一下你希望从中得到什么。

- 你给予他人的有多少?
- 截至目前,你有可以交心的朋友吗?

第五章的内容与以下三个方面有关:如何建立良好的人际关系、如何提高自己的情商以及如何提高交际技巧。

前面我们简要介绍了影响我们心理健康以及将来发展的六种重要因素。下面我们再来看一下对我们的幸福与健康也同样重要的另外两种因素:时间与选择。

幸福与时间

把握好现在是一个人享受生活的主要方式之一,在下一章我们会对此予以详细介绍。但是,一个人的健康与幸福还会受到其时间观念的影响,比如对过去、现在和将来的态度。

把自己想象成玻璃杯中的一杯水,水中有沙子。每次杯中的沙子被摇起来,你的心情就会变得很糟。这个玻璃杯晃来晃去,它有时向前、有时向后,有些时候还可以左右晃动。向前移动表示对将来的展望,既有对将来生活的理解,也有提前的预期。杯子向后移动代表回忆过去,或许是对过去的留恋,也或许是想到过去就感到压力重重。左右晃动表示把自己与别人做对比:向右意味着你比别人强,并为此沾沾自喜;而向左移动,则表示你不如别人,总是希望自己有一天能与别人一样。每次我们的思想总是处于某个位置,而杯子晃来晃去,沙子会把水搅浑。只有看到一个清澈干净的杯子,我们的心情才能变得好起来。当然,我们的心情总是像杯子一样处于左右前后不同位置,但是如果移动的范围大了,我们就很难感到幸福。

那么,你前后左右移动的范围有多大呢?

如果你总是关注一种时间，那么你的幸福水平就会大打折扣。你需要一种综合的时间观念，也就是把握好现在，总结好过去，同时展望好未来。

幸福与享乐主义

把握好现在非常重要，但你同时需要处理好自己的过去和未来。如果只享受当前的快乐，我们就成了纯粹的享乐主义者，就会沉溺于一时的快乐而牺牲了未来。盲目地参加各种考试、忙于庸俗的各种琐事或者总是陶醉于单调的某种生活，这些带给我们的都是一时的快乐，长远来看对我们的人生毫无意义。享乐主义者没有理想、没有目标，只是活在当前，享受一时的快乐。为了将来的生活，现在要加倍努力，这种思想与享乐主义者截然相反。学会延长快乐与满足对地球上的每种生命来说都很重要。事实上，延长满足感的能力也是那些成功人士的共有特征。

心灵感悟

心理学家沃特·米舍尔所做的研究就是一个延长满足感的著名例子。

把棉花糖分给小孩，并且告诉他们如果能够等到五分钟之后再吃，他们将会得到两块棉花糖。十五年以后，与那些放弃等待而吃了棉花糖的小孩相比，选择等待并且能够控制自己欲望的那些小孩更为成功。

能够延长满足感是件好事，但并不是任何时候都是这样。我们都知道享乐主义行为的坏处。我们也可以预见那些生活放纵的人将来肯定要受苦。但是有时候也会出现这样的情况，当我们为了将来的幸福努力工作，力图避免成为享乐主义者的时候，我们有可能在享受到幸福之前就离开了这个世界。为了将来的痛苦而牺牲眼前的幸福生活，也是不值得的。

在《时间悖论》这本书中，心理学家菲利普·津巴多和约翰·博伊迪告诉我们，拥有正确的时间观念对于一个人的心情影响很大。不管是过去、现在还是将来，我们对哪一种关注过多都会影响我们的幸福。你可以登录网址www.tedtalks.com了解菲利普·津巴多更多关于这些方面的内容，也可以访问他的个人网站www.thetimeparadox.com了解相关情况。

> 心灵感悟

一个人的时间观与他的很多选择和行为有着直接关系：

- 什么时候与谁结婚
- 健康选择
- 性行为
- 酗酒与吸毒的可能性

积极与消极的时间观
对过去的看法

如果你对过去持积极态度，那么你就会拥有美好的回忆，你会因为度过了健康、快乐的童年以及过去美好的时光而满怀留恋。

如果你对过去持消极态度，你会觉得过去的日子对你来说是一种可怕的记忆，对过去的回忆总是伴随着苦恼和遗憾。

> 心灵感悟

心理学家菲利普·津巴多发现，对自己的过去较为乐观的人，比起那些对自己过去持悲观态度的人来说，他们觉得生活更有意义。与现在、将来这两种时间观相比，对过去持有强烈消极态度对一个人的幸福感造成的负面影响最大。

当我们的思维仅仅停留在过去的时候，瓶中的沙子就会被搅动起来。这个时候，对过去持有乐观态度的人就会变得过于怀旧，而对过去较为悲观的人则会陷入极度恐惧和焦虑之中。

对当前的看法

如果你现在感觉良好，喜欢当前所从事的工作，并且珍惜现在，从不去考虑过去和将来；另外，如果你充分享受现在的生活，能够从目前生活中找到乐趣，那么你就属于典型的时下乐天派。

心灵感悟

对现在保持一种积极的心态是让人感觉幸福的一个重要因素。对当前保持乐观，能够让我们经历更多的喜悦和感动，这对一个人的幸福来说尤为重要。我们将在下一章详细讨论。

如果你感觉不能控制自己的生活，有些时候感到很无助，总是被动地听任命运对自己的安排，那么你就属于宿命论者。

把目光仅仅放在当前，享乐主义者就会放纵自己的生活；而对于宿命论者来说，如果这样，他们就找不到为了生活而奋斗的理由，从而就会放弃一切努力。

对将来的看法

在时间观念上，如果你属于将来型的人，你就会制定人生的目标，让理想指引自己的生活。

心灵感悟

研究显示，将来型的人更乐观，在事业上也更成功。

但是，一个人如果仅仅关注将来，那么他就会保存和延迟自己的幸福，因此牺牲自己的兴趣、爱好，甚至是健康。过于看重将来，在你感到害怕或者为未来过于忧虑的时候，就会再次搅动杯中的沙子。为了拥有一个清澈见底的杯子，我们需要小心翼翼地把杯子前后挪动，努力避免把杯中的水再次搅浑。我们需要一个平衡的时间观，那就是既要关注过去，也要考虑到现在和将来。

最佳时间观组合

菲利普·津巴多认为，生活中存在一个最佳的时间观组合，这就是：

对过去保持非常强烈的积极心态，因为这样可以让我们拥有一种归属感和认同感。

对将来保持适度的积极心态，可以鼓励我们勇敢面对挑战和目标。

对现在保持一定的乐观，因为体会当前生活的乐趣可以使我们保持旺盛的精力。

如果想测试一下自己的时间组合情况，请在线查看"津巴多时间观念组合列表"。

特别提示：

强调对过去保持乐观的重要性，验证了心理学家里夫的研究发现：健康的自我接纳依赖于对过去持有的积极心态。

如果你对过去不是持有一种积极的心态，这或许是一个好的借口。从现在开始，请一定注意，这是你对自己的认识，这种认识或许会影响你享受现在的生活。在接下来的章节中，你会找到很多进行调节的方式，并且会发现，从各种经历中，我们都可以找到积极的东西。现在，只要你认识到这一点就足够了，不要有任何压力。

- 在时间观念上，你属于什么样的类型？
- 这种时间观从多大程度上会影响你享受生活的快乐与幸福？

如果你现在已经开始注意观察自己的时间观念了，那么，拥有合理的、均衡的时间观就离你不远了。

幸福与选择

人们的幸福很大程度上与其所拥有的选择次数以及选择方式有关。这与上一章我们接触到的那些支配我们行为的内在需求与动机不同；本章我们谈到选择的时候，关注更多的是做出选择的具体方式。

过多的选择对我们来说并不是好事！

在一组系列研究中，研究人员提供一些果酱和巧克力让被试者购买。最后发现，给他们提供6个选择的时候，人们更容易购买；而提供到24个到30个选择的时候，他们的购买欲望则开始下降。

允许改变想法并不能使你幸福。

在一所大学，毕业生要求从两张照片中选取一张作为纪念。一组学生只有一分钟选择时间，并且选择之后不允许调换；另一组学生在作出选择之前有三个月的考虑时间。最后发现，前者比后者更幸福。

根据心理学家巴里·施瓦兹的研究，世上有两种选择者类型：机会多多型和容易知足型。

机会多多型面临的痛苦

如果你属于机会多多型，你会花费数小时时间来对每种选项进行评估和对比，争取从众多选项中作出最佳选择。比如买鞋，你会以性价比为由，如价格、舒适度、款式以及质量等，在决定购买之前，把所有在你价格承受范围之内的款式都试穿一遍。最后也许你做了非常明智的选择，但你也不一定感觉到真正的幸福。

作为机会多多型的人，面对身边那么多的选择，最后你得到的又是什么呢？与居住在哪里、开什么样的车、干什么样的工作、买什么样的保险、去哪里度假、送孩子去什么样的学校上学或者与谁生活一辈子等这些问题相比，买什么样的鞋子、喝什么样的酸奶这些琐事实在显得微不足道。关注这些小事不仅浪费我们的时间和精力，而且当我们花了时间和精力之后，却发现做了一个错误的决定，这时候遗憾和自我责备对我们来说又会变成一种新的负担。

知足型享受的快乐

从另一个方面来讲，如果你属于容易知足型的人，那么选择对你来说更是一种实用性行为。做出的决定反映出当前的需要，也是为了满足最基本的需求。跟机会多多型的人相比，容易知足的人或许不能事事都做出最佳选择，但是他们满足于自己的选择，所以也会感到幸福。

- 机会多多型与容易满足型，你属于哪一种呢？

减小机会多多对我们的负面影响

如果你过于在意别人的所作所为，或者你是一个完美主义者，再或者你总是希望做出完美的决定，那么你就有可能属于机会多多型的人。尝试下面几点做法，你会受益匪浅的：

- 日常生活中试着学会满足。
- 不要把自己的生活与他人作比较。
- 降低期望值。
- 喜欢自己目前拥有的一切。
- 坚持自己的选择，特别是在小事上。
- 如果可能，减少自己的选择机会。

机会多并不总是坏事；投入时间和精力有时候也很重要。因为生活中有些事情确实需要三思而后行。不管你是机会多多型还是容易满足型，重要的是要学会判断。判断何时投入时间和努力对我们有利，何时有害。要学会问自己"那又怎么样"。在"那又怎么样"这个问题上，从一到十，先给所做的事情打分。或者仔细考虑一下"它对我们到底会有多大影响？"

机会多多型的人往往会遇到以下情况：

- 沮丧
- 后悔
- 失去机会

拥有太多的选择会减少我们的幸福。在《富贵病》这本书中，奥利佛·詹姆斯讲述了这样一种现象，就是日常的巨额消费和过多的选择机会会给人们带来痛苦，不仅让人们失去幸福感，而且还会导致生病。

本章要点回顾

本章简要介绍了幸福和快乐一些特征和要素。概括起来，主要有：

- 幸福既可以转瞬即逝，也可以保持良久。
- 有很多东西可以带给我们一时的快乐，但是一定要提醒自己，不要过多奢望给你带来短暂快乐的东西。
- 要想拥有真正的幸福，你需要六个方面的基本能力，这六项基本能力也是带给你幸福和快乐的基础。

1. 对环境的掌控：也就是你可以通过努力影响和控制自己周围的生活环境。
2. 对自己的思想与行为负责。独立思考和做事，不受他人的约束和影响。
3. 有自己的生活目标和方向。
4. 拥有成长和发展的机会及这方面的意识。
5. 接纳和喜欢自己。
6. 拥有良好的人际和社会关系。

- 幸福受你的时间观念影响。
- 太多的选择会影响幸福。

第三章 03

如何建立积极的情感从而幸福起来

> 幸福的生活都由小事构成。一个亲吻、一个微笑、不经意的一次回眸、发自内心的赞许，这些无数的短暂瞬间都会带给我们心灵的温暖和慰藉。
>
> 塞缪尔·泰勒·柯勒律治 1772—1834

本章主要介绍幸福和积极情感的重要性。我们将带领大家开始思考以下问题：你喜欢什么？如何从日常生活中找到更多的快乐？我们还会告诉你什么可以带来长久的幸福？平静的生活意味着什么？用心生活的乐趣在哪儿？

　　积极的心态，或者叫积极的情感，不只是感到幸福。积极的情感包括：高兴、愉快、激动、惊喜、快乐、有趣、乐趣、自豪、热爱、向往、敬畏、好奇、满足、愉悦，当然还有幸福。拥有积极的情感或心态对我们的健康来说至关重要，它不仅让我们心情愉悦，而且对于个人的成长、发展以及身心健康都起着明显的促进作用。

　　有可能带给我们快乐的事情有：

- 吃东西
- 社会活动
- 性行为
- 体育锻炼
- 酒精和毒品
- 获得成功或得到社会认可
- 展示技能
- 从事音乐或其他艺术活动
- 宗教
- 好天气
- 优雅的环境
- 休息与放松

积极情感的重要性

积极心理学向我们展示了积极情感带来的无限活力。

积极的情感可以开阔我们的思维。它让我们变得更具创造力，并且使我们进入一种积极的良性循环。心理学家芭芭拉·弗雷德里克森把这种积极情感对我们个人能力的巨大影响概括为"拓展—增强理论"。在弗雷德里克森看来，积极的情感是人类实现最大价值和事业兴旺的必要因素；积极情感可以拓展我们的思维空间，让我们生活得更加美好。好的心情对增强人们的智力、体力、社会交往力以及心理承受能力等方面效果显著。

感觉越幸福，生活就变得越美好！

积极的情感是一种强大的资源。它有助于保持和增强我们的：

- 信心与自我信念
- 创造力、创新性与灵活性
- 身体与精神健康
- 智力
- 直觉和洞察力
- 乐观主义
- 毅力
- 工作效率、精神状态与身体活力
- 减轻病痛并加快病后康复
- 健康与长寿
- 更好的人际关系，与他人的联系、沟通及交际技能
- 更好地应对挑战和压力
- 帮助他人的能力
- 克服消极情绪的能力，因为幸福的时候不太容易心情低落

好的心情能让我们更好地思考问题，从而拥有更好的心情！

积极的情感作为积极生活的源泉

当感到高兴、快乐或者经历任何一种积极情感的时候，它都会储存到我们的大脑当中。这对我们来说是一种非常重要的资源，利用它我们可以从过去的经验中寻找积极的情感，来使现在的生活变得更好。希望重新经历这种快乐与幸福有助于我们的成长与发展，我们也可以以此来丰富自己的经历。快乐的时候，幸福的人喜欢尝试新的事物，也会树立更高的目标，在生活中，他们积累了更多的可以依赖的技术和资源。人们在幸福的时候更容易对周围事物做出积极的反应，这反过来又会积累更多的幸福资源。所有这些都有利于增强他们的能力与自信，从而激发新一轮的积极情感。

心灵感悟

就像消极情感会影响我们的行为，会教会我们一定的生存策略——比如"或战或逃"。积极情感也是这样，它会促进我们向着积极的方向发展，也会增强我们的创造力。

积极情感：创造和发展的推动者

- 喜悦增加人们做事的激情，从而加快社会发展
- 兴趣激发探索和学习的欲望
- 知足让人学会品味以及全面地观察生活
- 热爱鼓励人们近距离探索拥有的一切

经典实例

在弗雷德里克森和布兰根的一项研究中，他们给实验对象放映可以引起积极或消极情感的电影。在电影结束后，要求他们马上说出眼下最想做的事情，以此来测试他们列举事物的能力。与经历消极情感的受试者相比，那些刚刚经历积极情感的人列举出的事情总数是前者的两倍。

> 心灵感悟

要想保持足够的活力，一个人需要的积极情感要达到消极情感数量的三倍。实际上准确的数字应该是2.9，任何小于这个比例的时候，我们的精神就会受到影响。这个数字就像是临界值。积极情感比消极情感多一点点的时候，我们没有明显的感觉；只有这个比值超过2.9的时候，我们的活力才会爆发。这并不是说我们每时每刻都要保持良好的心情；三比一的比例给消极情绪留有了一定的空间。过高的积极性也同样会降低人们的活力水平。科学家发现一旦比值达到十一比一的时候，人们就会崩溃。

现实的生活由多种情感综合而成。幸福的秘诀在于，学会让你的积极情感保持在消极情感的三倍，然后把它养成习惯。

如何培养和增加持久的积极情感

良好的心情并不是一种被动的快乐。它要求我们全身心地体会周围美好的事物，学会发现更多让我们愉悦的东西，学会对来之不易的机会更加感恩。当我们能够以自己喜欢的方式生活时，我们才会感到快乐，哪怕是面对困难。下面我们介绍五种可以让你的心情在瞬间高兴起来的方法，它们会给你带来持久的快乐。

1. 保持开放与好奇的心态：解放思想

让我们摒弃固执的思想。本书会反复提到这个问题，因为它太重要了。学会接受新的事物（或旧的经历），保持不断的学习，培养发展的意识而不是守旧的思想，这对幸福与快乐生活的每一个方面都很重要。

如何对目前要面对的事情保持更加开放的心态？我们的期望影响我们的心态，继而也会影响我们的幸福。如果总是期望事情是坏的，那么最后结果可能真是这样；如果你总是希望某事给你带来惊喜，到头来一旦事与愿违，你就会非常失望。

如何使自己变得更好奇？好奇心不仅可以拓宽一个人的眼界与视野，它也是幸福的一个重要因素。研究证明，一个人的好奇心越强，他就会越感到幸福。好奇心带给我们的不仅是一时的快乐，而且还有长久的幸福与健康。心理学家托德·卡什单把好奇心称之为"健康的发动机"。了解自己是什么类型的人、自己到底喜欢什么、怎样才能使自己生活得更好、更幸福、更安全以及更轻松，这是享受幸福的第一步。好奇心越强，我们生活的圈子就越大，因此对自己、他人以及这个世界的了解就越深。

好奇心可以治疗焦虑。下一次，当你焦虑的时候你就会发现，焦虑的原因是因为有些事情你还不知道，所以：

- 把你不知道的东西说出来
- 找出你需要做的事情
- 对自己焦虑的原因要感到好奇

对于新的思想和事物，你的心态越开放，你就越能从本书的思想中吸取到精华，也就越能增强自己的幸福感。

思想碰撞

从今天开始，对所发生的一切都保持开放与好奇的心态，对任何事情都不要考虑它的结果。

2. 欣赏和感激自己拥有的一切：开阔你的视野

你为什么而感激？也许，增加日常幸福与快乐最常用的方式之一就是学会欣赏生活美好的一面，学会感激自己以前认为理所当然的那些东西。

对生活学会感激将会全面增进一个人的健康。在积极心理学的所有发现中，感激的作用是最巨大的。学会感激也是自始至终贯穿本书的一个主题。很多时候我们总是忘记注意自己拥有的东西。

学会感激是最为健康积极的情感之一，它可以使你更加：

- 灵活
- 热心

- 坚决
- 专注
- 有同情心
- 友好
- 幸福
- 健康

罗伯特·埃蒙斯和迈克尔·麦卡洛通过研究发现，每周或每天坚持记下你感激的事情可以：

- 使你更健康
- 鼓励你去做事
- 帮助你向自己的目标迈进
- 使你更乐观

小练习

为什么不试着写感激日记呢？在研究中，埃蒙斯和麦卡洛使用了以下提示："我们生活中有太多或大或小让我们感激的东西。对过去一周进行回忆，写下五件让你感谢或感激的事情。"

本周我感激：
_____
_____
_____

定期表达感激的作用有：

- 病后康复得更好，痊愈时间更快
- 更好地面对压力
- 更加遵守道德规范

- 与他人关系会更好
- 欲望和需求变少，幸福感更长久
- 感到更大的自我价值和更高的自我尊重
- 更少生气、内疚和嫉妒

知道了自己感激的东西，一定记着把这些告诉他人。

思想碰撞

试着感谢某个人。使自己幸福的最有效方法之一是给你希望表达感激的人写一封信，并且亲手交给他。要想效果更好，就当着收信人的面大声地把你所写的内容读出来。说得直接一点，这是一件困难的事情，在我们平常人看来是不正常的。然而，不管是对于写信人还是收信人，这种增加幸福的效果绝对震撼持久。

3. 敞开你的心扉，表达友好

前段时间，有个人在报纸上刊登了一则广告，邀请人们加入一个俱乐部；广告没有提及任何关于俱乐部的信息，只是刊登了一个加入俱乐部的邀请函。令人意想不到的是，很多人申请加入，俱乐部就因此诞生了。人们的热情提醒俱乐部应该提出自己的运作理念，于是"每周末做一件好事"活动应运而生。没有这个俱乐部，我们也可以这样做；试着把它作为自己生活的一部分，然后看看会发生什么。实际上生活中有许多地方都需要我们去做好事。

经典实例

在一项为期十周的实验中，索尼亚·柳博米尔斯基让人们试着做好事。有趣的是，影响幸福的因素是做好事的种类，而不是次数。

在日本，人们做了另一项实验。实验期间要求所有被试者记下自己做的好事。结果发现，做好事与一个人的幸福感有着密切的联系，越做好事就会越感觉幸福。感觉幸福的人会变得更加善良，更加知道感恩，所有的实验参与者也因此变得更加幸福。

你可以通过增加爱心来增加自己的积极情感。其中，方法之一就是学会拥有一颗博爱之心。最近研究显示，拥有博爱之心可以有效改善和提高一个人的人际关系、幸福程度及健康状况。

请记住，我们与这个世界有着千丝万缕的联系，每个人都需要与他人交流。那么，在力所能及的范围内多做好事，为什么不从现在就开始呢？做好事可以随时随地，就像感谢他人、乘火车时让别人先上车、制止一辆超速驾驶而横冲直撞的汽车等，就这么简单。所有这些行为都可以激发一个人的幸福感。

儿童心理学家伯纳德·利姆兰德是一家儿童行为研究机构的负责人，他发现乐于帮助他人的人总是最幸福的。研究中，他要求所有的被试人员列出十个他们认识的人。然后被试人员根据自己的判断，以这十个人的幸福程度为标准进行打分。过后再根据这十个人是否自私，再对其进行打分。后来发现，那些最无私的人往往是最幸福的人。

为什么不对自己进行一下这个实验呢？利姆兰德判断自私与否的标准是"总是把时间花在自己感兴趣的事情上"，不情愿为了别人的事情而扰乱或牺牲自己的生活。

思想碰撞

学会用不同的方式展示自己的博爱之心。要知道新的事物对我们来说多么重要！我们喜欢改变和惊喜，所以要坚持以多样的方式表达我们的博爱。

4. 与他人相处

我们已经知道，与他人相处是得到即时快乐与长久幸福的重要方式之一。那么，

- 你与朋友相处的时间有多少？
- 你与家人相处的时间有多长？

多与家人和朋友相处，不能仅仅打个电话，要走出自己独处的小圈子，而且有时候还需要我们对某些事情学会说"不"。一些研究发现，如果你的

钱已经不少了，养活自己绰绰有余。这时候你有两个选择，一是周末加班，可以额外挣到一千元钱；二是利用周末时间与家人和朋友待在一起。这时候选择与家人和朋友共度周末的人会更幸福。

挤出时间与老朋友交流很重要，但结交新的朋友对我们来说同样意义重大。随着时间的改变和自己事业的发展，不同的人会与我们分享不同的东西，也会满足我们不同的需要。如果你现在的生活圈子很小，那么从今天开始，你就可以行动起来。

心灵感悟

孩子们有很多高兴事儿与我们分享。在童年时代，我们高兴的时候比成年时代要多得多。因为孩子们知道如何玩耍，如何保持自己的好奇心。如果你现在有孩子，那么你就拥有随时激发自己幸福感的直接资源。

5. 学会真实：秀出你自己

活出真实的自我！马丁·赛里格曼，作为积极心理学之父，关于真实自我进行过很多讨论。我们在接下来的第四、第五、第七章还将进行详细介绍。活出真实的自我，可以清楚地了解自己最擅长什么，知道令自己感到幸福的事情是什么，从而活出自己的本色。你会发现，当你幸福的时候，就很容易表现出真实的自我；也只有以自己喜欢的方式生活，你才能做到真正的幸福。

我们现在有五种可以让自己感到幸福的方式，可是如果现在你唯一需要的就是把自己的情绪调动起来，让自己更加享受生活，那我们该怎么办呢？如果你不是一个天生的快乐主义者，那么从现在开始，你就需要增加生活的快乐感与幸福感。

小练习

请把那些能够让你立即高兴起来的事情列出来，然后从两个方面给每件事情进行打分：一是它令你高兴的程度，二是在你当前生活中所占的比例。评分时使用十分制，最高可以打10分，最低可以打1分。评分完成后，把这些事情从前到后再看一遍，想一下每项得分之间的不同之处是什么。

现在回想一下过去令你高兴的事情，试着把它们一一写出来。

为什么你喜欢这样做？

为什么你没有坚持下去？

你腾出时间这样做得到了什么？

你腾出时间这样做想得到什么？

当你完全忘记时间的时候你通常在做什么？

学会忘我

当你完全忘记时间时，你通常在做什么？

生活中有没有这样的事情，它能够使你忘掉周围的一切？

你对某事如此专心，以至于其他的任何事情对你来说都变得无所谓，这种情况发生在什么时候？

积极心理学经常谈到"忘我"。当你对所做的事情如此专注，以至于忘记了周围的一切，包括时间，这就是"忘我"。生活中的这些"忘我"时刻，既能够给我们带来一时的快乐，也能够带给我们长久的幸福。积极心理学创始人之一，米哈伊·奇克森特米哈伊曾详细描写过"忘我"的这种感觉。当有这种感觉时我们做事情毫不费力。

奇克森特米哈伊说，当你遇到以下情况时，你就达到了一种"忘我"的境界：

- 把主要精力放在应对一项挑战上
- 拥有明确的目标
- 精神高度集中
- 全神贯注于手头的事情，对周围事情毫不关心
- 拥有一种控制欲
- 没有时间感
- 为了某事而做某事，没有其他目的

"忘我"是一种令我们陶醉和愉悦的状态；当完全沉浸在某件事情的时候，我们就会忘掉周围其他的事情，甚至忘记时间，我们所有的烦恼就会因此烟消云散。

生活中如何做到"忘我"
1. 在巩固已有技能的基础上学习新技能

当人们处于"忘我"的境界时，事情本身带来的快乐与人们的能力密切相关：能力越强，技能越娴熟，做事本身带给人们的快乐就越多。也正是因为这些快乐，促使着人们去更多更好地完成这些事情。学习新的技能是增加"忘我"机会的一种重要途径，"忘我"的时候越多，我们能感受到的生活给予我们的幸福、快乐以及满足就越多。

你能找到一种可以给你带来"忘我"境界的新技能或者自己业已掌握的技能吗？如果你对所做的事情如此专注，经历过这种"忘我"时刻，那么你用到的技能是什么？

2. 力求卓越

精通一项技能，既能给你带来技能本身的乐趣，也可以让你感受到成功的快乐。运动员们经常说"进入状态"，经历"巅峰时刻"，就是这个道理。其实做好任何事情都不容易，它既要求技能达到一定水平，又需要成功的机会。事物的复杂性需要我们不断地创新，同时也给了我们创新的机会。

3. 寻求挑战

你什么时候喜欢迎接挑战？哪些地方会有更多挑战，且可以发展和增长你的技能？当你熟练地运用自己的技能时，"忘我"的时刻才会发生，也才能让你得到提高。为了全面发挥自己的才能，你需要面对更多的挑战。如果你增加做事的挑战性，任何事情都有可能变得有趣。与以前相比，你能做得更好、更快或者更完美吗？

忘我的境界通常发生在你选择的，并且全身心投入的那些事情上，比如运动、弹奏乐器，以及具有创新和挑战性的各种身体活动等。然而，只有自己的技能受到一定程度的挑战时，"忘我"才有可能发生。

"忘我"是一种令人愉快的经历，我们经常沉醉于令我们"忘我"的事情上。许多电脑游戏就能达到这种效果，经常让我们沉溺其中，让我们完全达到"忘我"的境界。但是不要忘了，从长远来说，只有"忘我"于那些有价值、有意义的事情上，对我们来说才是健康的。

技能与挑战的重要性

当人们处于"忘我"的境界时，做事情几乎不费吹灰之力。人们对手头的工作有一种完全控制的感觉，但是任何事情都存在"度"的问题。技能和挑战之间很难达到平衡。挑战对于技能来说要能够接受；太大的挑战就会使人们对所做的事情失去控制。挑战必须每时每刻推动人们的技能向前发展，这样才能让我们的注意力完全放在手头所做的事情上；挑战太小就会让我们的思想跑神，从而产生厌倦情绪。

4. 发挥自己的长处，做自己喜欢的事情

去做你喜欢并且擅长的事情。如果有过"忘我"的经历，那么你就有可能充分利用自己的长处。下一章我们会详细介绍一个人的长处问题。

5. 全身心地投入

作家和艺术家经常谈到"灵光四射"，有些时候作品就好像是它自己从大脑里流出来一样。对所做的事情如此沉迷，专心程度如此之深，会使一个人完全抛弃过去以及将来的那些想法。处于"忘我"的时候，人们完全把注意力放在了当前的事情上，忘记了周围的一切。对所做的事情极度专注，他会投入自己的全部精力与注意力，因此真正做到全身心地从事一件事情，把自己与所做的事情融合为一个整体。这就是"忘我"。

6. 拥有明确的目标

把注意力集中在一个明确的目标上，对达到"忘我"的境界也很重要。清楚地了解自己所做的事情。经常问问自己，做这些事情的目的是什么，要达到一种什么样的目标。

心灵感悟

研究发现"忘我"有利于：

- 激发创造力

- 发挥自己最高水平
- 开发智力
- 提高工作效率
- 找回自尊
- 减轻压力
- 增进心理健康

不能专注于所做的事情,就会使我们产生厌倦。"忘我"的另一面就是缺乏热情。如果人们老是重复一些简单的工作,这些工作不需要什么技术,也不需要投入过多的精力,时间一长我们就会感觉乏味,从而失去热情。只有外在的刺激比如金钱才能够给我们提供激励性的动机。其实不难发现,当人们喜欢自己的工作时,是因为工作本身的某些方面可以拓展一个人的思维,或者可以提高人们的技能和能力,并不是我们认为的其他理由。

你能想象一下可以让你进入忘我境界的事情吗?
在你心目中,做什么事情既需要技能,又需要你面对一定程度的挑战?
如何让你对目前所做的事情更加专注?你能把它做得更好、更快和更完美吗?
对于目前所从事的工作,哪些方面可以让你更好地提高自己的技能?
力求完美!

"忘我"体验是发现一个人自身强项与优势的一个绝佳方式,也是全面体现自我的一种重要途径。

学会珍惜现在

我们通过感觉来了解这个世界。我们可以用眼看、用耳听、用手摸、用心感觉以及用嘴品尝。感觉就是我们对这个世界的身体体验。然而哲学家一直到现在都坚持认为,我们的思想才是感觉的主体。

身体的愉悦通过感觉让我们在当前就能感受到:所有这些经历我们都可

以记住，当然也可以预测。身体的感觉只有在当前感受得到，但是如果我们全身心地投入精力，那么它作为情感经验的一部分也会被我们意识到。

> **小练习**

为什么不给你自己带来一些感官享受呢？

- 现在，通过你的感官，你能感受到什么样的幸福？
- 你现在感到舒服吗？
- 你周围的环境怎么样？
- 你能发现周围美好的事物吗？
- 你能听到什么？

现在，请记住你最近的感官享受。

- 最近一次吃大餐是什么时候？
- 听到自己最喜欢的音乐时，你的感觉怎样？
- 最近一次尽情地跳舞是什么时候？
- 你最近的一次性生活怎么样？

思考这些问题可以帮助你发现当前所经历的感官快乐，因此可以让你更加珍惜现在。所有的感官快乐都是短暂的，它可以给予我们一时的幸福。这些一时的幸福光顾我们之后就会转瞬即逝，但是，即便如此，它可以让我们真切地感受到它的存在。学会珍惜现在可以帮助我们打开眼界，认识周围的环境以及自己的感受。留出时间，让我们享受一定的感官快乐，这对我们的健康非常重要。正确地面对现在，可以培养我们重拾昔日快乐以及预测将来幸福的能力。积极心理学会详细告诉我们这样一个事实，能够从现在发现并享受幸福的人，也会积极地面向未来。

如何更加积极地珍惜现在

学会珍惜现在的最好方法之一就是学会品味和体会。

学会品味，首先要做的两件事情就是留意生活和珍惜现在。从现在开始，对自己目前所从事的事情要格外专注，注意观察当前你面临的境况是什么。

积极心理学家的建议

要想增加自己的亲身感受，一定花时间把手头的工作停下来，仔细观察一下自己周围的事物，包括自己的身体。试图去寻找和体会身边的美。品味是一种过程，不是结果；它是我们需要做的工作。

在《品味生活》这本书中，心理学家弗雷德·布莱恩特和约瑟夫·费尔洛夫把"品味"定义为"在生活中留意、欣赏和有意增加自己乐观经历的能力"。

在许多宗教活动中，对所从事工作的专注是非常虔诚的，也是发自内心的。对于积极心理学来讲，专注于品味和体会生活并不是主张我们处处尝鲜，意味着对自我以及周围的环境有一个完全的了解和把握。

学会品味的有效方法
- 让自己的节奏慢下来。
- 与别人分享你的快乐；让别人与自己一起快乐。
- 注意关注细节。完全被自己从事的事情吸引，以至于熟悉的东西你也会觉得很新鲜。做每件事的时候都把它当做是人生的第一次。
- 大胆庆祝这一时刻，如果的确值得庆祝的话。兴奋起来！爆笑、尖叫、欢呼雀跃。观看球赛的人们不仅仅因为比赛本身而激动；他们的情绪因现场众多人一起欢呼而高涨起来。我们对现场音乐会也会记忆深刻，我们不仅仅因为表演的内容而兴奋，而且还会因为表现本身的精彩而激动。
- 把美好的经历用相片、笔记或者纪念品的形式保存起来。这也是让自己重新品味过去美好回忆的绝佳方式之一。
- 延长美好的时刻，让它更持久。花费一定时间，全身心地享受美好事物带给我们的愉悦和快乐。
- 对我们身边的事物以及陪伴我们的人们心存感激。
- 调动你的全身感官！用嘴巴尝、用鼻子闻、用耳朵听、用手触摸。
- 让食物在口中多停留一会儿。
- 竖起你的耳朵，让它去倾听生活的另一面。
- 把你的注意力放在简单的事情上。
- 触摸自己的衣服。
- 仔细观察一朵花、一片树叶，用手去抚摸，用心感受它们的质地。
- 尽情地跳舞。
- 认真品尝一切，就像第一次遇到它们一样。
- 用充满怀疑和好奇的眼神观察世界。

积极心理学家的建议

不要太愚钝了。当快乐完全敞开心扉向你走来的时候，它是如此细腻。你唯一需要做的就是保持警觉。

关于品味和体会，有两个方面需要注意：

1. 经历的类型：通过思想觉察到的还是通过感官感受到的。

2. 注意的焦点：我们所注意的是外部焦点（即周围事物），还是内部焦点（指我们的内心）。我们能够从过去美好的回忆中得到乐趣，乐趣本源于思想内部，但却表现为外在的快乐。

以上两个方面既可以是精神表面的，也可以是思想深处的。对生活保持清醒需要身体与精神共同参与。

心灵感悟

没有烦恼或者从不考虑自己是否快乐时，快乐和幸福就会降临我们身边。幸福、快乐以及高兴，其实就是全身心地做我们喜欢的事情。当我们专心致志做某事的时候，我们甚至注意不到时间的流逝。

从现在以及现在以外的世界里寻找快乐——持久的幸福

我们已经知道，良好的心情对我们来说有很多好处。当我们全身心地投入时，不管做什么事情，它带给我们的快乐以及积极情感都会是持久的。多一些感恩的心态，而不是纯粹的感官上的快乐，这样的幸福会更加持久，因为我们是用心在体会和享受它的。

小练习

为何不把那些改变你心情的事情以日记的形式一一记下来呢？想一下并试着去做：

- 哪里可以让你发现更多的积极情感？
- 记下所做的每一件好事。
- 注意一下你感激什么。
- 如何才能让你变得更好奇？
- 如何才能更好地享受和品味生活？
- 留出时间给家人和朋友。
- 把那些让你高兴的事情记下来。
- 抽出时间去做自己喜欢的事情。

积极的情感	上周花费的时间	事情名称	下周你准备花费的时间

仔细查看上面你所列举的内容，与以前的记录相比，看看有哪些事情或

活动可以增加到你的日程中？

请留意一下，看看微小的调整能够给你的生活带来哪些影响。

从现在开始！

你现在已经有一大堆可以触发幸福的东西了。为什么不从现在就养成每天幸福和快乐的习惯呢？担心和害怕只能使我们离好心情越来越远；反过来，有了好心情就可以驱散我们心头的害怕与担心。

真诚地付出，对他人心存感激和友爱，哪怕表现出一点点，都会给我们带来幸福。吃巧克力和冰激凌也是让我们变得幸福的好方法；积极的情感很短暂，但是如果我们用心去体会，它就会成为一种持久的美好回忆。感激目前我们拥有的一切，与他人友好相处以及提高我们喜欢的某些技能，这都是增加我们幸福的有效办法。

有些事情能够给我们带来快乐，当我们去做这些事情的时候，总是希望能够一直坚持下去。快乐的心情对我们来说既是一种瞬间的幸福，同时也是激励自己的一种方式。好的心情取决于我们从过去的经历中挖掘快乐的能力，它来源于我们对现实如何反应。

本章要点回顾

如何从我们的生活中寻找更多快乐，这一章为我们提供了多种方法。请记住：

- 每一次经历幸福，都会成为一种回忆，并且在今后的日子里还会让你重新体验这一美好时刻。
- 保持好奇与开放的心态。每当你掌握了一项新技能，或者做一件能够给你带来快乐的事情时，它就会激发你继续做下去。
- 感激自己目前的拥有，我们才会更开心。
- 如果你想生活得幸福，请对别人友好。

- 与他人保持联系。
- 活出真实的自我。
- 变化是生活的调味剂：每当你从事一件新的事情，你都在为自己积累快乐和创造幸福。
- 积极面对挑战，全身心地投入，专心致志地做好每一件事情，努力使自己达到一种"忘我"的境界。当我们为了做一件事情而着迷的时候，这种感觉是最美妙的。
- 记住停下你匆忙的脚步，学会品味生活。努力从生活中寻找快乐，学会享受"现在"。

下一章我们将主要探讨如何有效使用以上方法，充分调动我们自身的能力，争取使我们生活得更幸福，更有成就感。

第四章 04

‖ 做自己喜欢的事情，设立更高的目标 ‖

充满自信，朝我们的梦想出发。以我们想象的方式生活，我们的任何理想都会成为可能。

——塞缪尔·约翰逊 1705—1784

早上醒来你会为新的一天感到兴奋吗？

拥有人生的目标与奋斗的方向对一个人的心理健康来说极为重要。拥有一个能够充分发挥我们长处的目标会更好。从上一章我们已经知道，全身心地投入生活、主动迎接挑战有利于一个人的健康。为了制定合适的目标，我们要多做那些不超出自己能力范围的事情。为此我们都需要做哪些工作呢？本章将对此问题进行探讨。我们还将继续讨论积极的情感（激发我们兴趣、积极性以及主动性的人体催化剂）这一话题，并针对积极情感不仅仅是感觉良好这个问题进行深入讨论。最后，本章还将涉及如何利用积极的情感让我们获得行动的动力。

自然禀赋

研究显示拥有目标不仅对我们的健康有利，而且当你发现自己拥有实现某些目标的天赋时，你的目标就很容易实现。你注意到这样一种现象了吗？有些事情对你来说很容易完成，而有些事情总是无限期地躺在你的日程安排表里面。就像上一章我们讲到的那样，当你的内在积极性被调动起来的时候，你不需要任何回报，就会主动去做这些事情。对你来说，回报就是事情本身。从事自己喜欢的事情时，我们清楚地知道如何去做。了解了这一点，制定切合自己实际的目标，就可以给我们带来更多惊喜，同时也会使自己的生活更具挑战性。

要做真实的自己

当一个人做自己擅长的事情时，动作与套路是那么娴熟，就好像天生为做此事而来。米克·贾格，在舞台上就是米克·贾格，其他任何人都是模仿。做真实的自己，就像人世间的美一样，很难去准确描述，但又极容易被人们感受到。有些人做事情时，技术非常熟练，就像自己的本能反应一样。他们看起来是如此地自然、专业和自信。我们往往对这些人充满敬意。当人们完全以自己的方式生活时，其目标与行为高度统一，对自然禀赋的充分利用让他们充满自信，也因此受到人们尊敬。

记住学会忘我

学会寻找让你达到忘我境界的各种因素，利用这些因素来让自己精力充沛，从而完成自己设定的目标。人类处在忘我的境界时，稍加注意我们就能发现其使用的技能，比如演奏一种乐器、参加一项运动，或从事一些具有创造性的活动等。但是忘我的经历很多时候也包括那些对我们来说很有意义的个人特点。在上一章，你曾列出的可以让你进入忘我境界的那些活动，现在请拿出来再看一下。看看能否找到这样一些事情，那就是因为它充分发挥了你的创造力和想象力，从而使你喜欢上了这些事情。

发现自己的长处

你最喜欢和看重自己性格的哪些方面？比如，当你对他人是如此地热情、宽容、友好、负责任、拥有爱心、值得信赖的时候，那是真实的你吗？写下并记住性格中你最认同的那些方面：

_____

_____

_____

积极心理学之父马丁·塞利格曼认为，只有用到性格中的那些长处时，我们才会变得真正积极与活跃起来。根据塞利格曼的研究，当处于以下情况时，就说明我们正在利用自己性格的长处：

- 看到了自己真实的一面，有一种真正自我的感觉。
- 感到兴奋。
- 活动中一直处在快速学习的周期。
- 给你提供使用已学技能的新方法。
- 你渴望去做，或者喜欢这样做。
- 做这件事对你来说非做不可，你感觉无法阻止自己去做这件事。
- 做这件事你觉得精神饱满，而不是筋疲力尽。
- 你发现自己完全融入到所从事的工作中，并且这项工作需要你的这种状态。
- 你对做这件事很热情，它能给你带来很多乐趣。

明显的长处

当自身具备的能力超出所从事的工作要求时，马丁·塞利格曼认为这就是在利用自己明显的长处。在塞利格曼看来，一共有24种普遍意义上的长处。长处可以从两个方面来进行定义：首先是"特点"，一种潜在的心理性格特征；其次是长处本身具有的价值，也就是除此之外不求其他。塞利格曼和他的同事、积极心理学家克里斯托弗·彼得森一起，花费了很长时间研究不同时期、不同国家人们公认的长处标准，发现所有长处都来自于以下我们人类共有的六种特点或美德：

- 智慧和知识
- 勇气
- 爱与仁慈
- 公正
- 节欲
- 敬畏与超越

小练习

花上十多分钟时间，登录网站www.authentichappiness.com，做一下"长处自我调查问卷"，看看你明显的长处是什么。或者看一下下面的小练习，根据日常生活中你运用这些长处的多少、它们在你生活中所占的比例以及你期望它们占有的比例等，从1分到10分给每道题评分。

日常生活中的价值观——自己的长处	你生活中运用了多少？	你期望在生活中占多大比例？
1. 对世界的兴趣及好奇心		
2. 对学习的热爱		
3. 判断/批判性思维/思想开明		
4. 心灵手巧/创造力/实践能力/生存技能		
5. 情商/智商/社会交往能力		
6. 眼光		
7. 勇敢和魄力		
8. 毅力/勤勉/努力		
9. 正直/真诚/诚实		
10. 仁慈和慷慨		
11. 爱与被爱		
12. 公民权利/义务/团队精神/忠诚		
13. 公正与平等		
14. 领导力		
15. 自我控制能力		
16. 节俭/慎重/谨慎		
17. 谦逊和虚心		
18. 对优秀及美的赞赏		
19. 感恩		
20. 希望/乐观/对将来充满憧憬		
21. 具有明确目的/信任/虔诚/笃信		
22. 宽恕和慈爱		
23. 调皮和幽默感		
24. 热心/热情/激情		

如果你认为表中所列项目与你预想的不一样时，也可以把以上项目打乱顺序，根据你的喜好重新设计题目。完成对以上项目的评分后，你会发现，以上所列的大部分长处都会在生活中出现；对你来说，重要的是找出哪些长处发挥起来更容易、更自然。

当我们充分发挥自己的长处时，就会全身心地投入到所从事的事情中去。一旦全身心地投入，个人的积极性就会被全面调动起来，他因此就会享受到工作的快乐。利用自己的长处，是激发一个人的积极性、从而实现个人目标的一个绝佳方式。

▶ 心灵感悟

研究显示，利用自己长处实现目标的人，更容易感受到成就感和幸福感。

利用长处展示自己的价值观

长处展示一个人的心理特征。通过它我们可以表达自己的人生价值观，还可以积极地把真实的自我与理想的自我融合在一起。我们通常喜欢一种氛围，因为在这种氛围中，我们会全身心地投入工作，充分发挥长处，从而实现梦想。比如，一个人喜欢展示自己的勇气，那么我们会发现，展示勇气的方式会因人而异。很多事情都可以展示一个人的勇气，例如登山、参军，或者当一个企业家等。不管做什么，只要能够给我们提供发挥自身长处的机会，我们就会信心百倍。

▶ 经典实例

不同的性格特点可以展示相同的价值观，下面就是一个典型的例子。以下这些人生活中都喜欢不同程度的冒险，因为他们喜欢展示自己的勇气。当能够充分展示自己的勇气时，他们就会显得非常兴奋。因为面对困难和危险的时候，他们表现出来的那种性格特征，对每个人来说都显得那么自然和亲切。

- 困难和危险，会考验登山运动员是否足够勇敢、好奇、机智、坚忍不拔以及是否具有超强的自我控制能力。
- 作为一名士兵，可以展示自己的胆量、勇猛、忠诚度、领导才能以及团队精神。
- 演员也可以展示自己的勇气、热情、激情以及自我控制力。
- 企业家可以充分展示自己的胆识、热情、勤奋、创造力以及乐观精神。

以上职业都需要勇敢，但实现方式不同。从事这些职业的人，也都需要冒险。但是面对危险他们展现自己勇气的方式大不相同，这是因为，他们拥有不同的性格特征与从事各自职业的不同天赋。

我们喜欢发挥自己的长处，也乐于展示自己的勇气。我们的长处表现在生活中，就是如何表达自己的情感需要以及价值观："喜欢就做"（塞利格曼把它简称为VIA，也就是英语Values in Action的缩写）是我们实现既定目标的关键。

价值观是什么？

价值观是人们明确自身需要的一种方式。价值观不是天生的，而是后天形成的。在生活中，我们对待事物的看法会直接影响我们的选择。价值观指引着我们进行选择及做出各种各样的行为。什么是人生中最重要的，价值观让一个人对此变得明确。它会影响一个人的行为，让我们变得与其他任何人都不同。如果一个人喜欢与他人发生冲突，那么他很快就会被大家孤立起来。你的价值观直接反映了你的情感需要。注意发现自己的价值观，也就是留意自己对生活中的哪些东西比较有好感，或者是留心看一下，当哪些利益受到威胁时我们反应比较强烈，这都可以帮助我们发现自己的价值观。对于我们看重的东西，多数还是比较容易发现的，比如诚实、尊敬他人、信任、正直、博爱或者勇敢等。在接下来的第七章，我们还要详细探讨需求和价值观之间的关系。但是，在考虑制定目标时，一定要清楚地了解自己的价值观，也就是在生活中，自己最看重和最需要什么。因为你最想达到的目标，肯定是与你的价值观以及生活需要密切相关的，而且这样也可以最大限度地发挥你的长处。

价值观直接影响一个人的选择和目标的实现。如果不把自己的需求分清主次，那么我们就无法进行选择。

试着想一下，生活中你最需要的五种东西是什么？什么东西离了它就无法生存？如果你的回答是"家庭"，那么在家庭中，哪些方面可以满足你最重要的生活需求？发现自己价值观的另外一种方法，就是留意一下你最讨厌什么？你最不能容忍在身边出现的东西是什么？显然，在这些东西出现时，你的价值观将要受到巨大的挑战。第七章还会详细介绍这方面的知识。

发现和认识自己的价值观非常重要，因为它能够帮助我们找到可以充分发挥自身长处的机会。当我们以自己真正喜欢的方式生活时，我们的长处与自己真正喜欢的东西就达到了高度的和谐。

当一些概念可以互换的话，有些词语和它的意义就有些模糊不清了。比如爱对许多人来说是一种价值观，因为没有爱人们便无法生存。但爱也是一种行为，是一些人由于尊崇这种价值观从而表现出的某种行为。然而，爱还可以通过感激、原谅、勇气、忠诚、热情、友好以及诚实等表现出来。

在研究人们的长处方面，并不是所有的积极心理学家都从价值观方面进行分析。"克里夫顿长处量表"就列出了价值观以外更多的长处，这些长处都是倾向于技能方面的。登录应用积极心理学中心的网站（www.cappeu.com），花费几块钱，你就能参与一个非常复杂的自我长处测试。这是一个非常神奇的测量工具，它不像塞利格曼的"喜欢就做"量表那样分了很多层，这个量表允许选择很多自己的长处。它还能告诉我们自己平时没有用到的长处，提醒人们今后对其更加注意。

小练习

用一分钟时间，列出你最明显的五项长处。

下面列出了生活的几种情形，请为每种情形想出一件自己经历过、并且使你难忘的事情，或者一段美好的时光。并试着回想一下，当时你用到了自己的哪些长处。

然后试着为每一种情形设计一个你想达到的目标（大小均可），并描述一下为了达到这些目标，你将会用到自身的哪些长处。

生活情景	美好时光/难忘的事情	所用长处	目标	计划用到的长处
工作方面				
与家人相处				
生活环境				
与朋友相处				
与配偶相处				
开心的时候				
增进健康方面				
工作方面				
个人学习/成长				
经济方面				
精神生活方面				
其他更多方面				

- 要知道，生活的每一个方面都可以认真去做。试一下用一种想象的方式，在生活的某个方面发挥自己的长处。
- 请留意自己是否发挥了最明显的长处。
- 你能找到一种可以发挥你最明显长处的方法，从而改变自己的生活或者使生活的一部分变得更加美好吗？
- 这一周，请试着在不同生活情境中做三件可以让你兴奋的事情。

心灵感悟

- 记住要随时改变——以一种新的方式利用自己的长处，对增进幸福、减轻烦恼有着持久的功效。

第四章 做自己喜欢的事情，设立更高的目标

● 您不妨填写一下下面的表格，列出自己的长处，并试一下在不同生活情景中以不同的方式来使用它们。

明显的长处	生活情景	生活情景	生活情景
例：1友好			
2			
3			
4			
5			

利用自己长处的三个要点

1. 利用自己最明显的长处

如果你没有充分利用自己最明显的长处，那么你就不会感到真正的幸福。争取寻找一些可以发挥自身长处的新方法，在各种生活情况下，都要试着利用这些长处。假如你最明显的长处是批判性思维、良好的判断力以及开放的心态，那么，你把这些长处很好地利用到工作及日常生活中去了吗？

2. 请留意自己的短处

只利用最明显的长处，完全放飞自己的激情，任其自由发展，就很容易忽略事情中困难的部分。如果友好和慷慨是你的短处，而热衷学习以及较强的创造力是你明显的长处，那么就要学会利用自己的明显长处来发展和弥补自己的短处。试着让自己在友好方面富有创造力，如果你比较勇敢，那么就勇敢地让自己友好一回。莎拉发现一天中最难受的是下班之后在黑暗中回家，由此证明勇敢是她的短处和弱项。通过利用自己明显的长处，即发挥自己的创造力，莎拉想出了各种各样回家的办法，同时在路上尽可能给自己设计一些颇具创造性的问题来思考，以此消除恐惧感。现在她已经比过去勇敢多了，并且下班回家的这段时间也成了她快乐生活的一部分。

3. 要注意各方面的平衡

有一点也值得我们注意，那就是长处过于明显了，就成了缺点。过于注重和强化自己某个方面的长处，就会使我们失去平衡。比如过于友好、正义感过强，或者太多的自我控制，这对健康都是不利的。这与不能充分发挥长处一样，都会阻止或影响一个人的个人发展。真正积极的生活应该全面发挥自己多方面的长处和优势。

现在你已经对自己最擅长什么以及最关心什么有了清楚的了解，那么，如何让你的优势和长处成为你人生目标的一部分呢？

目标

什么是目标？目标就是我们为自己设定且需要我们在一定时间内完成的任何事情。从某种程度上来说，所有的人类行为都是目标驱动的，从早晨起床到出去上班，参加马拉松比赛、给某人写信或者当一个好的家长等。目标就是我们希望完成的一切任务，包括短期的，也包括长期甚至一辈子的。制定目标，简单说来就是思考一下如何满足我们最基本的需要。

行为与目标反映出一个人最基本的需求

在第二章我们讲过，心理学家卡罗尔·里夫认为有六种基本需求对我们的心理健康至关重要。另外有心理学家发现，当有机会得到时，以下四种基本需求能够带给我们最大程度的满足。

1. **自我尊重**

学会欣赏自己，对自己的能力和一切要有良好的感觉。那些能够给你带来自尊的目标最能够使你得到满足。

2. **能力**

能够驾驭周围的环境（做生活的主人）。你需要具备取得成功的技术与才能，你需要有能力。能力包括身体上的以及认知上的所有技能。一个人的目标能否实现，关键在于是否具备解决问题的能力，也就是具备不具备解决问题所需要的技能。

3. **人际关系：你需要与他人保持联系（与他人保持良好关系）**

我们总是希望并且也非常需要被他人接受。拥有良好的人际关系，把它设定为人生的一个目标。这个目标可以让你与他人的关系更为密切，它可以给你带来被爱以及被关心的感觉，从而使你的心灵得到很大满足。

4. 倾听自己的声音：我们需要真实的自我，也就是完全自主

有一些目标和任务，我们去完成它们，完全是出于内心使然。没有任何外界的干预和压力，我们只是为了做事情而做事情，动力没有别的，就是发自内心的喜欢。我们因为自身的喜欢而去做这些事情。这种行为完全是内心驱动的。这种情况下，我们达到了完全的自主。所以，也只有在这种情况下，你才最有可能实现自己的目标，因为你是发自内心地喜欢它。

心灵感悟

作为一种驱动力，完全自主并且发自内心地喜欢，对于目标的完成，其作用是巨大的。这不仅仅是因为我们在做自己喜欢的事情时得到了更多的乐趣而更加投入，更重要的是，当内心的热情完全被激发出来以后，我们就会更加善于处理问题，同时也更具创造力。

本书第二章提醒我们，千万不要给予过多外部刺激：当我们解决问题的时候，如果给予过多的外部刺激，就会降低一个人的能力，从而减少做事本身带给我们的快乐。

保持良好的创造力是一个感情驱动的过程，一个人感到越幸福，那么他的创造力就越强。这不是在质疑和诋毁广为流传的悲惨行为艺术，并且本书也不想因此引起争论。心理学家迪安·西蒙顿区分了大写的C和小写的c（这里指英语"创造力"creation的首字母）。小写c指的是能够改进日常生活以及提高解决问题技能的创造力；而大写字母C指的是可以给世界历史和文化带来巨大贡献和持久影响的创造力。这里我们谈到的创造力，指的是小写字母c。

满足自身需要是我们从事一切活动的中心，满足基本需要尤其如此。基本需要得到满足越多，我们感觉就会越好。一直以来，所有实践都证明，这四种基本需要可以使我们得到最大程度的满足。

研究还发现，除此之外还有六种其他需要——自我实现、身体强壮/健康、安全感、快乐、受欢迎/具有影响力等，而金钱排在最后。

积极心理学家的建议

自我决定理论认为，能力、人际关系以及自主性是最基本的三种需要，对人类的生存来说至关重要。

积极心理学家给出的定义

自我设定的目标，应包括：

- 从事自己擅长的事情，能够发挥自己的长处。
- 具有一定的挑战性，能够在感兴趣的情况下提高自己的已有技能，并能学到新技能。
- 没有形式上的奖励，没有任何的外部压力，所有从事的工作都是由于喜欢工作本身而去做的。
- 需要他人的参与，你与他们保持良好的关系，并能从他们身上获得支持。

作为人生众多计划的一部分，拥有一个明确的目标对你来说非常重要。你所从事的事情应该与你的切身需要密切相关。比如为了一个特定的目标而有意培养某种习惯、为了一项能给你带来挑战的运动或冒险去参加训练、为了增进自己的健康而节食等。或许，它是你特别想做的事情的一部分，例如为了通过考试或得到晋升而拼命工作等。（所有这些事情或目标，只要是因为父母或配偶的原因我们才去做的，那么它都不属于自我设定的目标。）

不确定性

拥有目标和方向是生活满意与幸福的重要因素。但是，制定的目标必须是在不能确定的情况下才可以实现。一定程度的不确定性能够给我们带来挑战和希望。挑战和希望对于任何一个人来说都很重要，它可以让我们充分相信，这些事情我们可以做到，并且需要在以后的行动中证明我们能够做到。

希望

积极心理学家C. R. 斯奈德认为，希望不只是一种被动的情绪，它应该包含两种成分：一是能力，二是精力。从精神和感情上，二者共同给予我们实现目标的能量。如果一个人满怀理想，那么他的思想应该包括：解决问题的能力——从精神上来说，具备解决问题、想方设法实现目标的能力；实现计划的精力——通过行动完成计划的外在驱动力。

积极的思维是更好的思维

一系列的研究都发现了这样的一个事实，那就是看到光明的一面、对生活保持积极心态能够使我们的思维更加客观、敏捷。研究还发现，与那些对生活持有消极态度的人相比，乐观的、满怀理想的人思维更清晰，生活中也更加理性。前面我们已经了解了保持积极心态对于我们认知能力产生的重大影响，积极心理学清楚地为我们展示了积极的心态还可以影响一个人的推理能力。本书第六章，主要讲了乐观主义，将会深入探讨这个问题。但是这里先提一下，有了这种保持积极心态的意识，你就能够顺利地完成自我设定的目标。保持积极的思维习惯，将会让你的大脑即刻活跃起来。

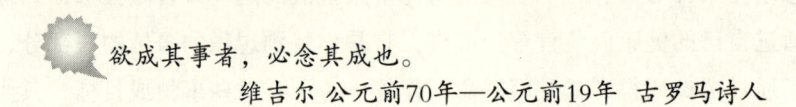

> 欲成其事者，必念其成也。
> 维吉尔 公元前70年—公元前19年 古罗马诗人

积极心理学家给出的定义

能够清楚地认识和制定目标，并能想出各种办法实现它们，这叫做"计划性思维"。

能够主动把计划付诸行动，拥有和保持自信，满怀激情地执行计划，这叫做"行动性思维"。

充满信心的思维方式＝计划性思维+行动性思维

充满信心的思维方式包括个人计划和完成计划需要的自信及精力，二者缺一不可。

计划往往受到个人理性的制约。

积极心理学家的建议

以下各项能够帮助你更好地思考：

- 积极的情感
- 内在的动力
- 发展的心态

一个人的行为会受到个人心情及喜好的影响。

积极心理学家的建议

利用下面的方法，可以给你行动的动力：

- 利用自己的长处
- 尊重自己的价值观，满足自己的需求

一个人的感情会受到个人需要、价值观以及各种欲望的影响。我们对这方面已经有所了解，在下一章还会更详细地讲到情感的力量以及情感在我们生活中起到的重要作用。

心理学家乔纳森·海特在他的《幸福假设》这本书中，运用了人骑大象这个形象的比喻。大象好比我们的欲望和激情，没有受到驯化，可以自由地到处乱跑。我们的思想、意志，就像骑在大象身上的人，不像大象那样强壮。我们要知道，只有充分了解了大象的脾气，与其亲密合作而不是斗争，才能发挥出大象的力量。大象接受了我们的指导思想和价值观，所以才能驮着我们向前走。对于生活中自己到底需要什么是否清楚，能够反映在一个人做事的热情与积极性当中，也就是我们的个人需求和价值观。我们的个人需求、价值观，还有本性，就是这头大象。骑象者就是我们的理性，我们认识和解决问题的能力。它驾驭和控制这头大象。但是一旦大象的愿望和需求与骑象人发生冲突，那么大象就会置骑象人的指令于不顾，行动继而变得随心所欲。所以，可以分析一下自己的真正需求是什么，这样才能更好地知道什么才能真正调动起自己的积极性。利用自己的长处，就好像控制自己所骑的一头大象。

情感反馈

当我们完成既定的目标时心情就会非常高兴。从这个意义上来说，抱有希望其实就是一个情感过程。这种情感很重要，因为它会反作用于我们今后的目标制定。当我们完不成目标时，心情会变得非常糟糕。同样，消极的情感也会让我们对未来失去信心，从而对失望情绪的产生起到推波助澜的作用。这就是一个人为什么在选择和制定目标时要首先了解自己的价值观和生活需求。我们要清楚地知道制定的目标都包含什么，为了完成这个目标我们将来需要付出什么样的努力。另外，对过去的体验也会对将来的心态产生直接的影响。

小练习

是什么让我们的内心充满希望

对过去的反思可以让我们知道是什么让我们的内心充满希望。如果你成功了，请思考一下是什么促使你获得了成功；可是如果你失败了，那就总结一下是什么让你选择了放弃。

回忆一下曾经取得过成功的目标

- 你为什么想做这样的事情?
- 完成这样的事情,你面临的最大问题是什么?
- 对于面临的问题和困难,你发现了什么样的解决办法?
- 最初是什么激发了你这样做的兴趣?
- 什么使你对此持之以恒?
- 你使用最多的自身长处是什么?
- 在任务开始/进行中/结束时,你有什么样的感受?
- 你从中学到了什么?

花点时间想一个你现在确实想达到的一个目标,并清楚地把它写出来。

_____

_____

现在,请回答下面的问题。根据自己的实际情况,对每项进行评分,评分采用10分制。

- 多大程度上你想达到这样一个目标?
- 你的积极性如何?
- 面对挑战,你的兴奋程度如何?
- 对于完成此项目标,你有多少自信?
- 各方面的支持你拥有多少?
- 完成任务需要的技能与你自身的技能相匹配吗?匹配度如何?
- 这个目标多大程度上反映了你的真实需求?
- 这个目标多大程度上是由你自己制定和选择的?

_____

_____

这些问题都是为你的兴趣所设计。在回答完这些问题后,有没有哪道题让你开始怀疑以前的选择?如果目标太难,对你的挑战性太大,但是你确实积极性很高,很想做下去。如果这样,下面这些问题正好可以给你提供一些非常实用的思考和建议。

为了实现自己的目标，请迈出积极的一步

- 为什么你想完成这个目标？把具体原因写出来。
- 请问做这件事情对你来说具有什么样的意义，完成目标后是否会对不同的价值观有所影响？你需要选择其中一个而放弃另外一个吗？
- 为了实现这个目标，你都需要利用自己的哪些长处？
- 你对结果怎么看？实现目标对你来说非常重要，多大程度上你觉得是现实的？真是这样吗？（第六章我们对此还将详细讨论。）
- 利用过去成功的经验，你如何才能变得更积极？
- 实现了这个目标，对你意味着什么？
- 就像最后的结果一样，你如何享受成功的过程？什么会给你带来巨大快乐？
- 操作上面临什么样的问题？
- 你能把目标分解成更小的目标，从而让其难度降低吗？第一步需要做什么？
- 按照你的方法，能够做到更多创新吗？
- 哪里可以得到你需要的支持？你需要他人帮助吗？
- 开始之前，你需要先掌握一门技能吗？
- 持有发展的心态，在做这件事时能用得上吗？为了更好地实现目标，你如何为自己创造机会？

在考虑以上问题时，请留意什么时候你会比较兴奋，同时观察自己什么时候比较恐慌。试着思考一下，是什么让你的心情变得积极，从而让你大步向前？同时思考一下，怎样才能给自己带来更加积极的心态，以便能够有效地发挥自己的长处。

积极心理学家的建议

我们不妨试试积极心理学家谢恩·洛佩斯发明的"目标力量训练"（英文简写为GPOWER），看效果如何。

G（Goal 目标）——目标是什么？

P（Pathway步骤）——实现目标的步骤是怎样的？

O（Obstacles困难）——在实现目标的过程中，面临的困难是什么？

W（Willpower意志力）——能够让你精力充沛的意志力来源于哪儿？

E（Elect选择）——最终你选择什么样的方法去实现目标？

R（Rethink重新思考）——重新思考这一过程。如果你再做这件事情，你会用同样的方法吗？

过去的经历及对目标产生的影响

对于任何目标，你都会有很多实现的办法。比如要找一份新工作，你肯定会与对方充分交流、参加一些培训来提高自己、完善自己的简历、及时了解报纸上的招聘广告等。如果数周或者数月过去了，对你来说找工作还是仅仅停留在计划上，那么是什么让你没有把这个计划付诸行动？是因为最后几次你提出了申请，连面试的机会都没有得到吗？还是因为这样一些事情，比如如果得到了这份新工作，你就不得不搬家。但是搬家对你来说实在是一件痛苦的事情，因为自从上次搬过之后至今你还在想念一些老朋友。或者是因为每次你试着去尝试一些新东西时，总是让原来的情况变得更糟。这些问题归根溯源都是因为过去的经历。如果你的情绪老是受这样一些消极东西的影响，那么也不足为奇。可是对你来说，越想实现某些目标，付诸行动的动力和积极性就会越发受阻。我们在第六章还会详细讲到如何改变这种情况。试着改变计划，努力回想一下过去那些美好的东西，根据过去成功的经验重新设计实现步骤。哪怕仅仅是一点点，也是打开僵局、促使我们奋勇前进的一个好办法。

你的行为与价值观相符吗？

有些时候人们停滞不前是因为设定的目标与个人价值观不一致造成的。比如为了从事某种职业或者完成某项工作，从而牺牲了你在长期家庭生活中所培养起来的慷慨的个性。其他有关价值观冲突的例子还有，比如你既需要安全和保障，又要冒险与挑战；既要责任，又要公平等。如果你想完成某个目标,但目前一直停滞不前时,或许就是目标本身与你自身价值观不一致造成的。

目标与担心

人们完不成既定目标,其最常见的原因之一就是担心。我们前面已经提到,担心与恐惧往往与过去的经历相联系。但是其中多数是没有道理的。培养自己的积极情感是驱散恐惧的有效方法。把目标分解成容易实现的小块儿,提醒自己即便害怕和担心,有些目标还是可以实现的。在制定目标的过程中,培养学习的兴趣,让自己拥有一个开放发展的心态,也是帮助自己掌握技能和建立自信的有效方法。时刻注意自己所骑的这头"大象",点燃自己的激情,努力增加信心,从而保持自己的身心健康。千万不要忘了,拥有一个好的心情是摆脱消极思维的最好办法。

提高自我效能感或自信心

> 自我效能感是一个人对自己在将来状态下组织与执行某种行为的自我认识及评价。
>
> 艾伯特·班杜拉 1986

自我效能感在心理学上是一个比较宽泛的概念。毫不夸张地讲,到目前为止,人们已经撰写了成千上万篇学术论文,进行了不计其数的实验和研究,来探究到底为什么当我们相信自己能够成功时,我们更容易成功。对于调动我们自身的积极性来说,自我效能感非常重要。如果我们认为,我们能够实现某个目标,那么我们更愿意做出努力。心理学家詹姆斯·马达克斯给自我效能感这样定义,"在某种特定情况下,认为利用自身拥有的技能能够实现某种目标的一种思想状态"。自我效能感是一种信念,既包括个人技能,也包含使用技能的能力;它不是一种做事情的愿望,而是对自身能够完成目标的一种非常自信的自我肯定。心理学家艾伯特·班杜拉在1977年提出自我效能感这一概念，指出这一感觉主要来自于自身经验。但是有些时候也会受到其他因素的影响。比如当我们看到他人做某事的时候，就会激发我们产生自己也可以这样做的想法。另外，别人的想法以及鼓励也会影响我们对实现某种目标的判断。班杜拉还谈到心情对我们选择及调控目标能力的影响，此外还有如何把情感变成激励我们奋发向上的因素等问题。

自我效能感影响一个人的选择，因为你对自己越有信心，你能够选择的机会就越多。从某些方面来说，自我效能感能够给予我们认识自我的能力，这种能力对于如何选择具有重要意义。这反过来又会影响一个人的能力、兴趣以及社交范围等，而后者对一个人的人生发展来说极为重要。

思想碰撞

增强和发展自我效能感的方法：

- 尝试新东西，拓展你的人生经历。
- 制定可行的目标，这些目标可以给你带来自信和成功的经历。
- 发挥想象力——想象自己正在做某事或者已经完成某事。
- 关注你比较崇拜的或者你想效仿的人，特别是实现了你一直以来盼望实现的目标的那些人。如果他们能够成功，那么你也能！
- 了解和利用自己的情绪——下一章会涉及这个问题。
- 从别人那里获得鼓励和支持。

积极心理学家的建议

自我效能感越强，你所做的选择就越明智！

自我效能感影响一个人的自我感觉、积极性、毅力、健康以及你选择要完成的目标。

作为一个心理指导教师，我经常让自己的学生去真实地体会自己所做的事情，然后想象将来获得冠军时的心情：其实就是让他们提前体会将来的快乐。相信自己能够做到，有了这种认识，毫无疑问，对他们的成长起着非常重要的作用。

理想的目标

- 与自己的价值观相一致
- 能够发挥自己的长处
- 能够让自己达到忘我的境界
- 完全是自己选择，是自主的
- 迫切希望实现
- 具备必要的能力和技能，有能力实现
- 你喜欢做这件事情
- 是更高目标的一部分
- 善于把握机会
- 具有明确的实现步骤
- 能够建立自信

积极心理学家的建议

- 在实现目标的过程中，取得一些小的成就时要表扬自己。
- 对于没有意义的事情，要敢于放弃。对于认准的目标，要勇敢向前。不管成功与否，只要你经历了，就是胜利。失败乃成功之母，不要害怕失败。
- 如果自己不争气，学会嘲笑自己。
- 不要让负面的东西太多。
- 不要总是自我谴责，不要反复思考没有意义的事情，也不要为了一点小小的失误过分责备自己。
- 不要经常评价自己的表现。

小练习

- 现在就决定你本周要完成什么任务。

- 把你即将做的事情告诉朋友。
- 当你完成任务时，与这位朋友一起庆祝一下。

本章要点回顾

这一章主要告诉我们：

- 利用自己的长处，从生活的不同方面，可以提高实现目标的能力，同时也会促进自己的健康。
- 让我们思考这样的问题：生活中我们最看重什么？从此以后，我们就要注意，什么时候我们的目标与价值观是一致的，什么时候是不一致的。
- 一个人的基本需求如何促进或制约其目标的选择与实现。
- 激发一个人的内部活力，学会潇洒地生活。要充分利用真实自我带来的巨大力量。
- 影响目标完成的两个重要因素：解决问题的能力和付诸行动的积极性。此外，本章还引导我们思考了两个问题。一是有助于形成以上两个因素的原因是什么，二是如何使自己对将来信心百倍。
- 相信自己是取得成功的重要因素。
- 最后，我们还选择了一个一定要实现的伟大目标。
- 作为本书的作者，我衷心希望你能更加自信，能够更加享受制定目标的过程。下一章将告诉我们如何更好地了解和利用自己的情感，它不仅仅改善你的人际关系，而且提高你生活的每个方面。

第五章 05

情感健康：与他人及自己建立良好的关系

这个世界就像一面镜子，它反映了每个人的真实面目。

威廉·梅克皮斯·萨克莱 1811—1863

第三章我们主要讨论了积极情感的重要性以及良好的心情对我们身心健康的巨大促进作用。积极的情感与良好的心情对我们的身体健康来说极为重要，这就好比形成一个良性循环，对于我们的能力发展及生活各个方面的改善都起着至关重要的促进作用。这一章，尽管与情感健康有关，但主要内容是探讨情感如何影响思维以及我们应该如何看待情感本身这两个问题。在生活的各个方面，情感提醒和驱使我们奋力前进。我们对自己的情感了解越多，对别人的了解也就越多，也就越能够对自己的情感做出合理的控制与反应，从而不至于任其发展。当情感与大脑配合非常默契，而不是处于冲突的状态，我们的大脑就会更好地思考，冷静地判断。

这一章我们将会涉及情商的重要性：也就是如何认识、使用以及控制自己的情感。如果你肯花上一点时间了解一下自己和别人的心理感受，并思考一下为什么会这样，那么你就会与别人建立起更好的人际关系。请记住大象与骑象人的故事，有时我们总是忙于评价别的大象和骑象人，而忘记我们自己就坐在一头同样可怕的大象身上。

积极心理学家的建议

与他人保持良好的人际关系，会受到我们自我关系的影响。与自己保持良好的关系，意味着心理上与自己的情感保持足够亲密的距离。

情感控制

人们很早就认识到了情感与理性之间的冲突。在希腊哲学与多数宗教中，情感是一个具有双重性的事物，人们在利用情感的同时，总是对其加以控制，从而发展和培养自己的理性思维。实际上，这种思想在人们大脑中是如此根深蒂固，以至于世界上的许多文化都把不受约束的情感视为社会的禁忌。在有些文化习俗中，表露任何的情感（不仅是不受约束的情感）都被认为是有悖文明的。能够控制自己的情感是作为一个社会人的基本需求，也是一个人成熟的标志。人们常常这样理解欲望与思想之间的关系，那就是激情服从于理性。这种对待情感的态度让我们忽略了情感本身的重要性。情感智力（俗称情商）让我们保持了这二者之间的平衡，其研究鼓励我们把情感作为一个重要的工具，让我们了解到情感与智力一样重要。情感是思想的重要组成部分。就像我们可以利用思维来提醒和掌控我们的感情一样，认识和利用情感反过来也会对我们智力的发展起到非常重要的作用。我们利用情感在进行思考，同时也在思考情感本身。

情感上健康发展、能够被他人理解、拥有良好的人际关系，这都是人类最基本的需求。不可思议的是，一个人要想提高情感智力水平，多数都是靠后天习得和培养的。我们的情感知识来自于婴幼儿时期建立的各种关系。你与母亲的关系会对你今后的整个人际关系产生影响。

情感智力

在过去，单纯的逻辑推理能力解释了为什么某些人会做得更出色，智力商数（俗称智商）成为衡量一个人能力以及将来成功与否的唯一指标。心理学家霍华德·加德纳是最先提出多维智力的人之一。他认为，在处理我们的内部关系（在我们个人内部）以及外部关系（与他人之间）时，人类使用了至少八种能力。情感智力（情商）指的是一个人所具备的社会及交际技能。

什么是情商？

一些致力于情感智力研究的心理学家，例如丹尼尔·戈尔曼和理查德·博亚基斯认为，情商是一连串的能力。当一个人在合适的时间、以合适的方式，并且非常恰当地展示自我意识、自我管理、社会意识以及社会技能等综合能力的时候，我们才认为其具有较高的情商。积极心理学家路易文·巴昂用一种更为复杂的方式测试一个人的情商。他认为，一个人的情感智力及社会认识至少与十种因素有关。

积极心理学家的建议

与情感智力及社会认识有关的因素包括：

- 关注自己、准确的自我评价、内在动力
- 人际关系、社会责任感，希望与他人建立联系以及能够恰当地与他人相处
- 避免冲动、能够有效控制自己的攻击性
- 善于解决问题
- 自我情感意识
- 具有灵活性，能够适应环境，善于接受变化
- 评估现实的能力：能够准确地评价感情
- 抗压能力、认识和控制自己的情绪、能够恰当处理事情以及促进事情正常进展
- 自信与果断，敢于表达自己的观点
- 对他人保持热心和友好

那么，在路易文·巴昂所列的十种情感因素中，你最擅长利用的有多少？

情商测试

现在越来越多的人认为，跟一个人的智商一样，情商也是可以被测量的。在情商测试中获得较高的分数意味着一个人具有获得成功的潜力，不仅仅是社交，而是生活的各个方面。许多人认为，与智商相比，情商能够更准确地测试一个人的能力。

不同的能力对于不同的人，起到的作用是不同的。但是，社会交往能力对我们每个人来说都一样重要。通过深入地了解，一个人的社会交往能力是可以学习和提高的。认识到这一点，对我们的个人发展来说百利而无一害。我们应该，并且也必须处理好自己的情感。要知道，很多人认为情感仅仅是

对客观世界的即时反应，或者仅表示一个人的不同性格特点，对于我们的个人发展毫无帮助。这种看法从根本上是错误的。

约翰·迈尔、彼得·萨洛威，还有大卫·卡鲁索，这些一直致力于情感研究的积极心理学专家，利用基于能力的测试方法，把情商分为四种不同的技能：情感感知、情感使用、情感认识和情感管理。他们认为，以上每一种显示情感智力的方法都可以拿来测量，其综合水平可以用来评价一个人的情商。下面我们通过这四种技能来讨论情商问题。

1. 情感感知

我们通过识别面部表情及肢体语言来感知他人的情感。

心灵感悟

世界上所有人通过面部来表达情感的方式都是一样的。唯一不同之处在于，哪些情感可以用来表达。这要受到性别及文化的影响。

善于捕捉和感知他人情感，意味着一个人能够：

- 了解自己的感情
- 通过面部表情识别他人不同感情
- 能够感知艺术作品中的情感
- 正确、恰当地表达感情
- 当别人表露出不真实的感情时，能够及时感知到

心灵感悟

在研究面部表情时，为了详细了解在表达细微感情时都运用到了哪些面部肌肉，心理学家保罗·埃克曼用了一整天都拉长着自己的脸。经过亲身体验，他真正地感受到了拉长脸时所表达的感情。他的这一结果也被另外一项控制面部表达的实验所证实。实验结果显示，面部表达能够引起感情变化，反过来感情变化也会影响面部表达。这就是所谓的"面部反馈"假设。面部肌肉的运动实际上影响一个人的情感体验。另外一项著名研究也证实了同样

的结论。在这项研究中,共有两组受试者。为了防止受试者发笑,操作人员在其中一组被试者口中放上一支铅笔。然后让两组被试者根据其幽默程度对同一组卡通画进行打分。最后结果显示,口中含有铅笔从而不能正常发笑的那一组比另一组评分要低。

所以研究证明,如果你笑一笑,心情就会变好。可以试一下:如果做出发怒的表情,那么你就会感到自己真的要发怒。相反,如果笑一下,你会觉得这个世界是如此美好。

一个人的肢体动作也会对情感产生影响。把你的双手并拢,做立正姿势,然后再自然放松,双手下垂,看你的感觉有什么变化。

小练习

你能感受到多少种情感?是什么原因让你有了这种感觉?

慈爱、喜爱、吸引、同情、感伤、欲望、迷恋、渴望、消遣、高兴、满足、得意、喜悦、兴奋、激动、热情、知足、愉快、自豪、希望、安慰、惊奇、惊诧、刺激、烦恼、泄气、生气、敌对、怨恨、痛苦、恶意、厌恶、憎恨、轻视、羡慕、嫉妒、受伤、苦闷、抑郁、沮丧、悲痛、悲伤、难受、失望、懊恼、内疚、羞愧、孤立、侮辱、忐忑、尴尬、羞耻、挫折感、忽视、沉思、同情、遗憾、共鸣、温柔、害怕、恐惧、恐慌、不安、惧怕、苦恼、担忧、紧张、压力、热情。

- 现在,你感觉自己是什么样的心情?
- 当前你感觉对自己爱的程度有多深?
- 什么样的心情对你有益?什么样的心情妨碍你的发展?
- 想象一件事情或者一段时间,在这段时间或这件事情上,了解自己和他人的情感对你非常重要。

花点时间想一下这些问题,可以让你注意自己的情感变化。请留意一下你是否一直很高兴/悲伤,或者你的感情过于细腻、对外界的反应过于敏感。试着拓展你的认识和感知,从而可以使自己的感觉变得更可靠,心态也变得更包容。

2. 情感使用

▶ 经典实例

心理学家爱丽丝·伊森经过研究发现，与一般情况相比，医生在情绪高涨时更容易跟病人有效地交流、从病人那里得到更多的信息，从而也能够对病人的病情做出更为准确的诊断。

情感影响思维，也影响我们所做的每一项决定。情感甚至影响我们的记忆，还有我们的做事能力。

▶ 心灵感悟

研究显示，情绪影响一个人的记忆。当处于消极或一般状态下，我们更容易想起以前不好的事情；但是当我们处于高兴或非常积极的状态时，就很容易想起那些美好的东西。

▶ 积极心理学家的建议

为了手头的工作，请调整好自己的情绪。

- 当从事烦琐或者精确度较高的工作时，一定要保持冷静的头脑
- 为了激发新的创造性思维，要努力营造积极的氛围，保持良好的心情
- 了解自己的情绪状态能够影响和促进我们的认知能力

3. 情感认识

情感每时每刻都在发展，它是一种非常复杂的现象。较好的情感认识包括对他人复杂感情的理解，对个人特定心情的原因能够做到及时察觉，并且知道为什么有些人总是不快乐。认识到他人情感的复杂性，就会理解不同的人生观。认识了我们自己情感的复杂性，就可以更加有效地理解别人对我们

做出的各种反应。善于认识和把握情感的人往往这样,当你跟他们在一起的时候,让你觉得他们完全了解你。认识情感是一种可以让对方产生共鸣的技能,这种技能对情感具有很好的洞察力。

情感的产生不是一维的,我们有可能同时感受到多种情感。研究情感的心理学家罗伯特·普拉特切克说,共有八种基本情感,另外还有两种基本情感组成的八种高级情感。这些基本情感有强弱之分,在普拉特切克看来,其他所有情感都是类似于这些基本情感的结合体(图5.1)。

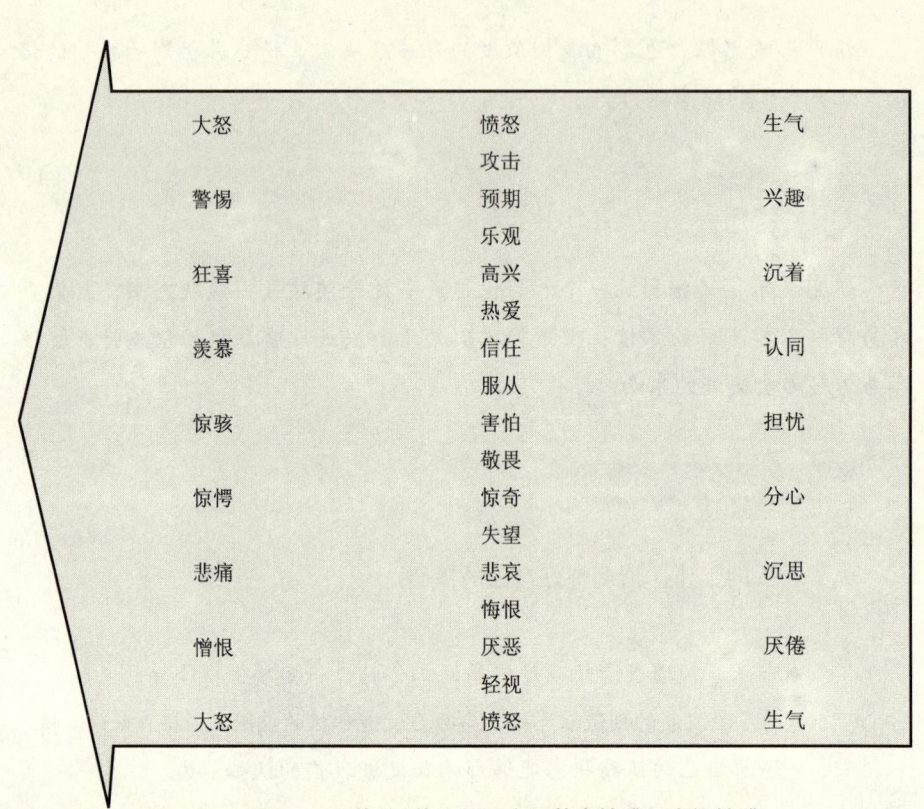

大怒	愤怒	生气
	攻击	
警惕	预期	兴趣
	乐观	
狂喜	高兴	沉着
	热爱	
羡慕	信任	认同
	服从	
惊骇	害怕	担忧
	敬畏	
惊愕	惊奇	分心
	失望	
悲痛	悲哀	沉思
	悔恨	
憎恨	厌恶	厌倦
	轻视	
大怒	愤怒	生气

图5.1 罗伯特·普拉特切克的基本情感与高级情感

认识到情感的复杂性以及在同一时间内感知多种情感,需要我们用心注意才行。情感与我们的价值观、过去的经历以及个人需求有着密切的关系。情感存在于我们身心内部,是对自身的认识和感觉。情感是影响一个人成功的重要因素,也决定着我们对一些事情的反应方式。你或许会遇到一些情感问题，这些问题大多源自个人需要和欲望，特别是需要不能得到满足或者受到挑战时，那么问题就出现了。

有些情感问题可以引发与他人的冲突，也会给自己带来痛苦。如果不及时处理的话，就会对他人的行为或需要产生过度反应。由此你也会对它过分地注意，为了除去这些不快，即便在它们没有出现时你也会想象它们的存在。如果你曾对有些人有过这样强烈的反应，那么有一点可以确信，你一定存在情感问题。请回忆一下，他们说了什么？做了什么？他们的行为与你的价值观产生冲突了吗？他们是否揭露了你的一些短处？

我们可以提高对自己情感反应的认识。假如有些事情可能引发我们非正常的反应，我们可以做到预测，并且阻止它的发生。有些时候或许是因为他人的行为正好折射出我们自身的短处，这种情况下，你会觉得自己受到了侮辱或挑战。有时候我们称其为"影射效应"，因为情感此时对影射主体产生了反应。对于这个问题，电影《蒙娜丽莎》就是一个典型的例子。片中一个女孩情感上受到了伤害，但她知道这不是自己的问题，而是给自己带来伤害的那个人的问题。于是主动伸出友谊之手，送给对方一个拥抱。她没有反过来去伤害对方。在这个故事中，受伤的女孩知道问题在于对方而不是自己。但在日常生活中，情况并不总是这样。正确地了解他人的情感，多问问自己，为什么别人会那样做，这样做对我们来说非常有用。发火有可能是痛苦、焦虑、害怕、嫉妒或者忧伤的一种外在表现。

积极心理学家的建议

下一次，当你看到有人生气时，停下手头的事情。问一下自己，他们是否很焦虑、害怕或者因为一些事情不开心。攻击他人是恐惧的一种常见体现方式。

着急会使你看起来很生气，这是很自然的事情。当然我们不是建议你去伪装自己，而是要注意我们内在情感的复杂性，知道一个人是如何表达和感知这些复杂情感的。

4. 情感管理

情感管理就是学会如何让自己保持最佳情感状态，对我们来说这是一个长期策略。简单来说,就是在面对压力和苦恼时,能够想方设法让自己保持良好的心情。(下一章还会有更多这方面的讨论)管理和调控自己的情感,要求我们学会利用长期的积极策略,有针对性地解决面临的问题。下一步怎么办,对此我们要能够果断地做出决定并马上付诸行动。

积极心理学家的建议

善于情感管理的人,通常能够:

- 时刻注意自己的感觉
- 需要时能够控制自己的情绪
- 知道情感对于自己和他人所起的重要作用
- 不同情况下处理自己及他人的情感问题
- 为了调整心情和情绪使用一些策略
- 评价这些策略是否有效,并从中学到知识

心灵感悟

认识自己与他人的情感是一项技能,这项能力有大小强弱之分,它因人而异。自闭症以及孤独症患者不太善于观察和认识情感,但是通过训练可以学会和提高。

捕捉自己的情感

不管什么情况下,你都可以停下来感觉一下自己的心情。停下来,从一数到十,不管对于了解自己的感情还是了解别人的感情来说,都是一个不错的办法。它为我们冷静思考提供了空间。在被我们的情感俘虏之前,要学会先去捕捉它们。因为只有这样,你才能为调整自己的情绪赢得时间。同时,注意一下我们身体发出的警告,比如肠胃的收缩等。

短期内调整心情的好办法有:

- 参加体育锻炼，比如散步
- 听音乐
- 找朋友倾诉，寻求他人帮助
- 放松

　　情感管理的长效策略既包括行为，也包括一个人的决心。它要求我们能够正确面对问题，并为此制订计划。带有希望的思维方式有助于长时间的情感管理与调控。

　　不管从长远来说，还是从目前来看，以下情感管理与情绪调整的方法都是不健康的：

- 酗酒
- 拖延
- 暴饮暴食
- 嗜睡

　　下一章我们将更为详细地探讨良好的情感处理策略。

　　通常情况下，我们认识和对情感的反应都是下意识的。经常提醒自己，我们的情绪会影响我们的思维，牢记这样一个道理，我们就能够更好地处理情感问题。

　　如果处理好了，我们每个人都会变得跟活佛一样淡定。学会接受、理解和控制自己的情感需要实践的积累与时间的考验，但也有些人天生就能有效地处理自己的情感问题。

情商对工作的影响

- 你会对他人的一些情绪反应很强烈吗？
- 或是对自己的一些情绪反应很强烈？
- 当你与他人相处时，你希望别人有怎样的心情？

- 你是这样的心情吗?

小练习

学会认识自己的情商:

- 描述上个月发生的一件事情,在处理这件事情上,你成功地认识到了自己和他人的情感问题,并有效地控制了不良情绪的产生。
- 在控制自己的情绪时,你用到了哪些策略?在控制别人的情绪上,又用到哪些?
- 描述一件事情,这件事情对于你认识和控制自己及他人的不良情绪是一个很好的机会,但是最后你失败了。
- 对于自己或别人的哪些情感,你觉得认识起来有困难?
- 为了更加有效地调控自己的情感,你喜欢使用什么样的技能?
- 为了培养自己这方面的技能,现在你需要做哪些事情?
- 做这些事情,你需要付出什么?它又可以给你带来什么?

情绪具有传染性

对于良好的人际关系来说,能够有效地控制自己的情绪非常重要,因为情绪是可以传染的。与幸福的人相处,我们就会感到幸福。这并不是要求我们与朋友在一起就不能不高兴,就不能分担他们的痛苦。而是要学会调整自己的情绪,不管什么时候,也不管在什么地方,情绪都会直接影响你与他人相处。对自己的行为注意得越多,对个人的情绪越了解,那么你对别人的了解也就越多。研究证明,与评价自己相比,实际上我们更善于评价别人。我们之所以对他人的评价更为准确,就是因为我们在进行自我评价时往往高估自己。在评价自己的能力以及好坏时,我们经常会出现错觉。一些研究发现,在进行自我评价的时候,与实际的能力相比,我们总是高估自己的能力,把自己想象得过于崇高。特别是一旦涉及自己最自信的能力和方面时更是如此。我们非常善于评价他人,尤其是评价他人的道德行为,但对自己却不能给出正确的判断。评判他人导致了对自己行为评价的盲目性。要想提高我们的情商，我们需要做的第一件事就是认识自己的情感判断力，既包括对他人的评判，也包括对自己的评判。

学会评价

为什么我们总要进行评价呢？乔纳森·海特说，因为评价是保持社会联系的纽带。他认为"投之以桃，报之以李"、"己所不欲，勿施于人"是我们在一个社会团体中必须要遵循的原则，也是一个人生存下去最有效的办法。这种原则贯穿于我们进行相互评价的始终。因为在评价一个人的时候，我们要对他负责，他反过来也要对我们负责。在一个人受到惩罚或获得奖励时，我们经常评价其是否理所应得，我们很自然地受到了"以牙还牙"或"理所应当"原则的影响。约翰·格雷在他的《男人来自火星，女人来自金星》这本书中，详细叙述了在与他人相处的过程中，我们应该如何评价他人，如何对我们自己及其周围同伴得到的奖惩，与其行为下意识地进行——对应。很多交际问题源自人们拥有不同的评价标准。生活中有很多不同的评价体系，它与一个人的性别、性格、年龄、所处阶层、文化背景有关，特别是与信仰关系最为密切。生活中你信仰什么、你觉得什么对你来说最重要，这反映了你如何看待这个世界，也影响着你对他人和自己的判断，同时也会支配你的情绪。

我们通过自己的价值观来感知世界，同时通过情感来评价他人。

小练习

用评分（1－10分）的方式回答下面各题，以此了解你是如何把自己与别人做比较，从而评价自己和他人的。

- 多大程度上别人让你感到很失望？
- 平时你对他人及自己的批评多吗？
- 平时你对他人及自己的赞扬多吗？
- 你认为有些人确实值得你花时间与其待在一起吗？
- 得到别人的认可对你来说重要吗？

评价他人是一回事，而评价自己是另一回事。评价自己的时候，学会参照他人，是祛除烦恼的一种有效方法。

与你的另一半建立良好关系

有句名言说得好，"幸福婚姻的关键在于与幸福的人结婚"。对于幸福的人来说，这是一个很好的建议。幸福的人容易走入婚姻的殿堂，因为他们看起来比不幸福的人更有魅力。幸福的人，其婚姻也更稳定和持久，因为幸福的人更乐观，对生活的要求上也更富有弹性。所以，在遇到困难的时候，他们往往不会轻易选择放弃和回避。幸福的婚姻象征着生活的快乐与对人生的满足，同时对我们的健康也会起到积极的促进作用。

心灵感悟

生活中幸福第一，其他次之。

有一点非常有趣，那就是婚姻带给我们的新鲜感只能持续三年到五年，之后就会进入稳定的幸福时期。这时幸福的快车破门而入！通过研究发现，你感到越幸福，你就会越喜欢有婚姻的生活，你们的婚姻也就会越持久。

有一项非常著名的实验，研究对象是具有稳定、幸福婚姻生活的中年妇女，通过观察她们大学毕业纪念册发现，多数照片显示她们脸上带有幸福的微笑。这说明她们结婚以前就很幸福了。

与他人保持良好的关系，比把自己与他人隔离开来要好得多。这是因为，在与人交往的过程中，我们的基本需求，比如交往、尊重以及被爱等需求会得到满足。这在本书最后一章还会详细阐述。

心灵感悟

当拥有一个固定性伙伴时我们会感觉更幸福。长期稳定的一夫一妻制度下，人们能够享受到更多的性爱。

对于单身的人来说这是个噩梦吗？他们会因此而沮丧吗？显然不是。在我们的试验中，最不幸福的人是那些婚姻不幸的人。本书的最后四章希望能够引导你更加积极地对待生活。或许，为了增强自信和健康，你所做的一些微不足道的事情能够极大地增强你对他人的吸引力。甚至你只是比以前更喜欢微笑，或者经常祝福他人，这些小事都会起作用。美满的婚姻不是幸福的唯一因素。

积极心理学家的建议

对于幸福的婚姻生活来说，最重要的因素包括：

- 尊敬
- 彼此认同
- 相信良好的品质与积极的行为是对方的自然特征
- 相信冲突只是个别行为，而不是普遍行为；"他刚才态度不太好"，不要认为"他态度老是不好"
- 能够快速地提出并修复关系
- 能够处理男女之间的分歧
- 能够处理好权力和个人隐私之间的关系

对于那些愤世嫉俗的悲观者，奥斯卡·怀尔德把他们称之为"对于价格无所不知、对于价值一无所知的人"。仅仅赞扬对方的品质还不够，尊重和珍惜对方包括真正地了解你的爱人，包括他们的优点，同时也有他们的缺点。

心灵感悟

夫妻之间的对话，对于情感专家约翰·戈特曼来说，只要仔细听上十分钟，他就能准确地判断出以后他们是否会离婚。他主要观察一方与另一方说话的方式以及谈论对方的方式。他通过研究发现，要想拥有良好的夫妻关系，积极因素与消极因素的比例大约是五比一。例如批评、生气以及充满敌意等属于明显的消极因素，而兴趣、爱恋和相互理解则属于积极因素。二者相比，消极因素给对方带来的伤害要比积极因素给对方的安慰高出五倍。一个人如果从来不给爱人发脾气，自己也从来不生气，但是生活中没有幽默感、没有亲昵，对对方表现出一种无所谓，这种婚姻也不会长久。

让积极心理学在处理你与爱人、亲朋好友的关系中发挥作用

以下所有小标题都与你当前的爱人有关。但是你也会很快发现，下面的好多因素、问题以及做事情的方法都同样适用于亲戚、朋友以及要好的同事。在阅读本章余下的内容时，脑子里要一直想着你打算保持良好关系的那些人。

1. 兴趣

停下来，想一想你对自己的爱人显示出多少兴趣。

- 你给他/她的生活带来了什么乐趣？
- 他/她当前关心的问题是什么？
- 你对他/她的目标有多大兴趣？
- 你们有相同的冒险经历吗？
- 你知道如何给你的他/她带来惊喜吗？
- 从你的另一半儿身上试着寻找你不了解的东西；显示出好奇心，但记着不要打扰到对方。

看到好的一面，与对方积极交谈，积极地看待对方的一言一行，显示出对他们浓厚的兴趣，这在所有人际关系中都起着非常重要的作用。特别是对于维持长期、良好的夫妻关系更是如此。

2. 要认识到自己爱人及他人身上的长处

在上一章你已经了解了自己最明显的长处。那么现在，你需要思考一下你的另一半儿身上的长处，看看与你关系最密切的长处是什么。

- 你能发现或注意到你爱人身上的优秀品质吗?
- 请写出你最明显的五项长处,还有你爱人最明显的五项长处。

_____

_____

- 你们相同的长处是什么?
- 你们不同的长处是什么?
- 你如何赞赏你爱人的长处?
- 你爱人最重要的情感需求是什么?
- 如何使你的答案成为现实?

认识他人的长处不仅仅对他人以及你与他人的关系有好处,而且它会使你本人感到更幸福。这个发现对于我们来说并不新鲜,两千多年前罗马皇帝兼哲学家马卡斯·奥里留斯就曾建议:

> 如果你想让自己高兴起来,那么就想一下我们周围那些人身上的优秀品质。比如说张三的活力四射、李四的谦逊待人、王五的慷慨大方等,另外还有其他人的更多优良品质等。

马卡斯·奥里留斯 121—180

3. 感激

欣赏某人是真正认识某人的一部分,也就是你清楚地知道他的存在能为你的生活带来什么。

- 对于你的爱人,写出你最爱他/她的五个理由。
- 现在就做出决定,本周一定告诉他/她。
- 你对他/她最感激的是什么?
- 写封信告诉他/她。
- 通过与他/她的相处你学到了一些东西,并且你为学到这些东西而感激,那么这些东西是什么?

4. 变化

变化是生活的调味品，适用于本书的任何章节。

- 为了告诉对方你是多么地了解、认同和爱他/她，这一周你打算如何送给他/她一个惊喜？
- 你爱人为你做的最令你感动的事情是什么？
- 如果你告诉他/她，结果会怎样？

5. 寻找快乐的回忆

时间一长，就像我们会接受和适应周围环境一样（从第二章我们知道，这属于享乐主义造成的），在我们爱人身上，那些曾经令我们感到新鲜和兴奋的东西就会慢慢被我们淡忘。

- 他/她最初是因为什么吸引了你？
- 然后你是怎么做的？
- 什么让你如此激动？

6. 要相信不好的事情属于个别情况，而好的事情则是多数情况

下面四句话，哪两句是你最想说的？

- 爱人今天为我做了好多事情，因为他/她很好，或者
- 爱人今天很好，因为我需要帮助。
- 爱人今天迟到了，因为他/她误了火车，或者
- 爱人总是让我很失望。

如果你的答案是1和3，你的心态就比回答2和4要积极得多。下一章我们还会详细讨论这个问题。

7. 健康的依赖类型

一些心理学家认为，一个人如何爱别人，其实在儿童时期就已经固定下来了。通常情况下，我们与外界建立的第一种联系就是与母亲的关系，这种

关系是否健康直接影响着我们后来的各种关系。对母亲的这种依赖性有可能发展成为成年以后所建立起来的依赖类型。有些时候我们被一些具有不同依赖特性的人所吸引，那么从小对母亲的这种依赖性对我们有着直接的影响。

研究人类依赖性的专家称，健康稳定的关系对于一个人的智力、情感、社会以及道德能力的发展非常关键：通过冒险，小孩探索母亲以外的世界并使自己得到发展。当这种探索给它带来恐惧的时候，小孩就会重新回到母亲的怀抱，而不是选择进行新的冒险。当小孩充分信任这种依赖，并且能够自发、持续地进行探索和冒险时，一种稳固、健康的依赖性就会形成。但是，当小孩回到母亲怀抱寻求帮助时，如果没有得到安慰，它就会因为没重获进行再次冒险的信心而变得极为不安，从而继续依恋自己的母亲。那么这时候，这种依赖性就是不健康的，属于典型的"依赖焦虑症"。由于种种原因，还有些小孩尽量避免与母亲接触，这就会导致"依赖回避症"的产生。患有这种病症的孩子会因为亲情而变得很不自在，从而躲避亲情。心理学家卡西迪和谢弗在此基础上又增加了第四种依赖类型，他们称之为"依赖紊乱"，这种依赖类型把两种特点综合到了一起：冷漠与依恋。不管是家庭还是个人，心理学家艾伦·卡尔把这种依赖类型都看做是同一种行为模式。

小练习

你能找出哪一种依赖类型最符合你的经历吗？

健康的依赖关系	依赖焦虑	依赖回避	依赖紊乱
小孩具有自主性	小孩很生气/黏人	小孩总有回避倾向	小孩具有严重依赖性，害怕，有回避倾向
成人具有自主性	成人具有优先权	成人关系疏远不亲密	成人冲突不断，矛盾错综复杂
对父母的教育很敏感	父母的教育时断时续，不可靠	对父母的教育具有排斥性	父母的教育要么占主导，要么就没有
家庭是可以适应的	严重依赖家庭，不能自拔	可以与家庭脱离关系	对家庭有一种迷失感

了解自己以及爱人的依赖类型，可以给你们的关系带来实质的进展。比如可以增进彼此的了解，提高对彼此的认同程度，培养自己的宽仁之心，另外还可以促进对感情的有效管理。依赖类型也是影响朋友关系好坏的一个重

要因素之一。

- 你和你爱人的依赖类型分别是什么？
- 它会给你们的亲密关系带来什么样的影响？

8. 学会庆祝

有了喜事的时候，分享与庆祝对良好关系的建立非常重要。我们可以与对方好好分享一下，这样不仅可以增加信任，还可以增进感情。某人赞扬我们做得好的时候会说"做得好，你太厉害了"，我们都体会过这种美好感觉。但是当我们把赞扬做到最好的时候，给对方的感觉会更深刻。

拥有积极的心态，意味着我们要对好的事情做出真正建设性的反应，反应中要透露着对对方的承认和感谢。然后与他/她一起庆祝。心理学家雪莱·加布尔通过研究发现，这对于增进各种关系都具有非常重要的意义，特别是对于增加彼此的信任、促进两人的情感方面更是如此。

注意事项

能做的事情有：

√ 激动的同时要显示出真诚
√ 记录这一时刻
√ 对所有细节全神贯注，并且表现出极大的兴趣
√ 学会欣赏你朋友或爱人所取得的成绩
√ 把自己的需求放到一边

不能做的事情包括：

× 谈论自己以及自己取得的成绩
× 期望坏的结果，或者泼冷水："这的确很好，可问题是你如何能处理……？"
× 突然转换话题，或者转移注意的中心
× 对这个消息或事情视而不见

关注自我，与自己保持良好的关系

接受自己，了解和喜欢自己，既能够为自己成长和发展创造机会，也能够与他人建立和保持良好的关系。有关情商方面的理论都强调关注自我的重要性，同时提醒我们要有自我认同意识。

有利于提高自我关注程度的积极方式
避免与他人攀比

在第二章我们已经聊到这个话题，一个完美主义者因为经常与他人作对比，所以更容易陷入痛苦。经过大量研究之后，我们有了一个重要的发现，那就是一个人越幸福，他对别人是否成功关注得就越少，也越不容易受到影响。要知道，经常把自己与他人进行比较，是让自己快速陷入痛苦的最好方式。研究显示，与他人攀比是最容易使我们心情沮丧的原因之一。

留心一下自己是否经常与他人进行攀比。我们生活的动力，其中很大一部分来自对自己的认识。然而，周围的人对我们认识自我有着很大的影响。过于看重别人的观点与看法，就会影响我们对自我的关注，从而也会反过来影响我们与他人的关系。

小练习

以评分的方式（1 - 10分）回答下面各题。

⬅ ①　②　③　④　⑤　⑥　⑦　⑧　⑨　⑩ ➡

对于你是否生活得有趣这样一个问题，朋友的观点在多大程度上会给你造成影响？

- 当你把自己的收入同其他人相比时，比较的结果对你有多大影响？
- 对于自己开的车是否上档次，你介意吗？
- 你对自己的衣着是否很介意？比如非常引人注意或者效果平平。
- 你对自己使用的家具是否很介意？例如非常陈旧落后或者属于最新款式。

- 你是否关注别人看过的电影或阅读过的书籍？
- 你是否非常关注别人的体重，因为别人的体重可以衬托自己的体形？
- 你对别人的智力水平介意吗？
- 你对别人的精神意识关注吗？
- 多大程度上你希望别人赞同你的观点？

回答这些问题时，如果得分很高，那么你就有可能在日常生活中非常需要得到他人的赞同，或者总是与他人进行攀比，以别人的标准来评价自己。

与别人攀比对我们来说百害而无一利，特别是用于消极的事情时。它只能使我们的心情变得糟糕。我们需要找到一种归属感或得到某些人的认同，同时希望自己属于某一"人群"、某个"圈子"，比如具有相同的理想、爱好以及业余活动等。参加足球俱乐部、到教堂做礼拜、参加同学会或老乡会等，这都是希望得到自我认同的表现。生活阅历和社会阶层是一个人自我认同的一部分。具有与自己相似生活阅历或者来自同一社会阶层的人，从一定程度上来说，具有与我们相似的认同感。与他们在一起，我们就会有一种归属感，就不会觉得孤单。

除了已经拥有的那种认同感以外，我们还需要另外一种不同的社会认同，这与培养和发现自己真正的认同有着本质的区别。错误地认为一个人的认同和归属来自于外在的表现，这会导致我们用一种不正常或者不健康的方式把自己与他人进行比较，从而成为一种自己的经常性需求，这对一个人的健康发展是极为不利的。

与具有相同价值观的人交朋友

选择朋友的时候，要选择那些与你的能力和长处形成互补、而不是对立和竞争的人。这样可以有效避免产生嫉妒情绪。有些人身上拥有很多优点和长处，同时你对此也非常羡慕和赞叹，与这些人交朋友，能够让我们学会彼此尊重和相互欣赏。

不仅是真诚，还要真实

通过一个人的所想所做来了解这个人，这种观点非常新颖和时尚。一个人的好坏越来越多地被他的思想所反映。我们虔诚地坚守社会普遍认可的思维方式，从而得到他人的尊重和赞扬。在乔纳森·海特看来，当真实出现的时候，真诚就不存在了。因为真实扎根于现实。一个人可以很真诚，也可以非常高尚，但是要想真实，就必须做到真正的自我。这就要求在我们与他人之间做出折中，这是对自己负责，同时也对他人负责的需要。

处处流露真诚的人容易赢得别人的喜欢与认可，我们常常被一个人的真诚所打动。当一个人非常真诚地坚持自己的信念，哪怕这种信念是一种颇具破坏性的思想、极端的自我表达或政治决策，我们有时候也会给予赞成和默许。对于真诚，目前的问题是它失去了其真诚的特性。当我们的认同感过度依赖于他人的赞许时，其实真诚就失去了它原有的本质。它具有了一种古希腊哲学的倾向：看起来的优秀与聪明要比实际上的优秀与聪明重要。真诚现在也受到了同样的污染，把想象中的自己看得非常重要，而不考虑真实的那个自我。

- 当你对人对事都很真诚的时候，你是什么样的一个人？
- 当你完全处于自我状态的时候，你又是什么样的一个人？
- 二者之间有何不同？

通过接受、喜爱、好奇、感激以及有趣的事情，学会关注自我。认识自己的全部，包括你的缺点、你的长处、你的出身以及所取得的成绩，为拥有这些奖励自己。这样一来，你会发现，你更加喜欢自己的各种关系，自己的看法也会发生很大的变化。学会自我接受是自我关注能力增强的一个方面。

发现和培养别人好的一面

在你所有的人际关系中，发现他人好的一面对你来说是最为重要的。威可多·弗兰克尔用了一个形象的比喻，这就好像逆风飞行，你必须制定一个目标，就是设定好即将到达的终点，否则的话大风就会把你吹离航道。处理人际关系时总是努力发现他人好的一面，这种行为也会遇到跟逆风飞行一样的问题。相信和努力发现别人身上所有潜在的优点，这样他们才会展现出一个

"真实的他们"。不能仅仅看到他们目前的样子，否则的话大风就会把他们给吹回去。

心灵感悟

在一项非常有影响的研究中，学校给一位老师分了一个班级并且告诉她，她是多么的幸运。因为分给她的都是非常聪明优秀的孩子。但是给另一位老师说的恰恰相反：很抱歉，你运气不太好，分到你班上的学生都是差生，智商都不太高。而事实上，所有孩子都是随机分到两个班的。但后来结果发现，学期结束，两个班的学习成绩真的存在了明显差别。

发现人们好的方面，把那些好的品质和积极的行为与他人联系起来，不仅对他人有益，而且对于你和他人的关系也非常有好处。这就是说，不要仅仅把一种品质与一次特定行为相联系，而是把这种好的品质看做是他人的一部分。比如，我们说"她对我很好因为她是个好人"，而不说"她对我很好是因为我那天心情不好"。

本章要点回顾

- 本章主要介绍了情感智力（俗称情商）的一些知识，教会我们思考如何认识、使用、理解和管理自己及他人的情感。
- 帮助我们了解如何评价自己和他人。
- 介绍了幸福与健康的人际关系的构成要素，让我们了解到感激、兴趣、变化以及与对方一起庆祝对提高关系质量的重要性。
- 我们还探讨了如何了解自己的依赖类型，依赖类型的不同如何对人际关系产生影响。
- 阐述了增进自我关注的几种方法，告诉我们这样一个事实，那就是清楚地了解自我对搞好各种关系意义重大。
- 最后探讨了改善自己的行为方式，增进对他人的了解，这不仅影响我们的人际关系，同时也影响我们自身的快乐与健康。下一章将对此详细阐述。

第六章 06

‖ 如何增强自己的适应能力 ‖

取尺之所长,避寸之所短。

罗伯特·路易斯·史蒂文森 1850—1894

如果你已经开始应用从本书学到的积极心理学知识，那么其实你的自我适应能力就已经开始增强了。本章将主要介绍增强个人适应能力所需要的一些个人品质。我们还将回答以下几个问题：与悲观相比，为什么乐观的人能更好地处理遇到的问题？什么是最好的防御策略？如何从灾难或创伤中培养这种自我防御策略？

> **积极心理学家的建议**

积极心理学家发现，有较强适应能力的人：

- 是乐观的
- 希望并且也能够解决问题
- 相信自己，但是不会过于自信
- 能够自我调节，能够正确运用自己的情感
- 能够从不幸中发现意义和教训
- 具有幽默感
- 从小生活在幸福的家庭中，能够享受到家庭的爱
- 借用他人力量，能够得到朋友和家庭的帮助
- 有一套适应环境的办法
- 能够学习新东西、忘记烦恼，从而继续前进

什么是适应能力？

适应能力不仅仅是处理事情；适应能力主要是能够恰当地处理事情。本书的每一章都在帮你学会利用自己的最佳优势来增加你的幸福感。请一定

记住，你所做的每一件事情，对后来的事情都会有影响。一旦学会更多地发现事情好的一面，你就能做更多的事情；如果你能做更多的事情，你就会掌握一些简单的应对技巧。而这些应对技巧对你来说具有重要的里程碑式的意义，它可以帮你更好地处理接下来的事情，从而更快地从逆境中解脱出来。并且，当你具有很强的适应能力时，你会发现，你比想象中的自己要厉害得多。这样一来，就会使你勇敢地接受更多的挑战，从而度过自己充实而富有意义的一生。

心灵感悟

一些具有较强适应能力的高级领导人，在谈到自己时说，他们并不总是很自信。适应能力强的人并不一定比别人更自信，但是他们具有更好的处理事情的策略。每个人都会认为，在面对困难的时候，自信是最重要的。但实际上，当失去部分自信的时候，我们会更好地处理某些事情。现实生活对我们来说就好像是一次冒险，困难的事情既可以削弱我们的战斗力，同时也可以使我们变得坚强。所以，拥有较强的适应能力不是要我们变成坚不可摧的石头，而是根据情况学会能屈能伸。认识到这一点是非常重要的。

适应能力不等同于生存能力。生存能力或许可以帮助你从一些目前的创伤或情感伤害中得以恢复，可是，除非你成功地克服由此带来的后遗症，否则的话你是不会从中总结教训从而使自己变得成熟起来的。从破产或事业的阴影中走出来，但是仅仅把它当作人生的一次失败，而没有把其看成是总结教训、促进成长的机会，那么这就称不上具有较强的适应能力。忘记一段失败的婚姻，与从这段婚姻中找出问题的根源、继续往前看，总结教训后开始新的生活相比有着根本的不同。较强的适应能力包含个人的成长。

什么让你成为一个具有较强适应力的人？

我们身上拥有的许多处理问题的能力其实从儿童时代就已经形成了。从小受到悉心的呵护、拥有一个温馨的家庭环境以及得到良好的家庭教育，都是培养孩子适应能力的重要因素。在孩子小的时候,哪怕家里只有一个人能够给予孩子强烈的父母之爱,让孩子感受到家庭的支持,那么孩子就能受到积极的影响,从而增长自己的适应能力。当然,与生俱来的能力也是其中的一个因素。孩子在很小的时候,就会处理各种问题、控制自己的行为,同时大人也会引导他们发现事物好的一面,培养他们的幽默感。聪明的小孩往往通过幽默来避免受欺负。与其他小孩相处是帮助他们克服困难、摆脱伤害的一种最好方式。许多喜剧演员说,他们搞笑的能力其实是在小时候作为一种处理事情的技能而发展起来的。

第三章我们已经探讨过积极的情感对于心理健康的重要作用。积极的情感在增进个人适应能力方面发挥着巨大作用。然而,消极的情感(痛心、悲伤、失落,所有与痛苦联系在一起的感情)也是培养能力与完善自我的途径之一。通常情况下,为了更好地处理生活中面临的大大小小的困难,我们需要认识和了解自己的真实感受。

感知所起的作用

讲给自己的故事,以及我们对一些事情的看法,这二者共同组成了我们的生活。当我们面临困难时,不管困难大小,人们的感知以及对事情的看法都在很大程度上影响着我们的处理能力。积极心理学家曾对此做过大量研究。

准确性的问题

悲观主义者以及心情不好的人,大多看问题很准确。而乐观主义者往往被自己的能力所迷惑,高估自己控制事态的能力。悲观主义者看到的是事情的本来面目,但是通过研究发现,这对人们是不利的。乐观主义者看问题时往往戴着有色眼镜,这对我们来说恰恰是一种保护。所以在处理问题以及面对困难时,乐观主义者往往做出积极的反应。因此,多数情况下,悲观主义者很容易被困难打倒,而乐观主义者则能战胜困难,勇往直前。

> 在评价自己时，我们往往持有偏见，即对自己的评价过于积极。我们为自己搭建了一个舞台，自然我们自己就成了这出戏的主角，总是以主人公的身份来演这出戏。心理学家谢莉·泰勒解释了这种现象。她说，与那些消极的缺点不同，当我们对自己持有积极的幻觉时，这种幻觉应该成为促进我们向前发展的动力，成为培养自身适应能力的能量源泉。这些积极健康的幻觉能够有效保护我们，使我们拥有积极的自我意识，做工作的时候能力会更强，效率也更高。从另一个方面来看，对自我能力进行切合实际的分析会让我们的大脑更冷静，但是效率可能没有前者高。

我们以掉到牛奶搅拌器里的老鼠为例，用比喻来说明这个问题。持有悲观主义的老鼠看到这种情况就绝望了，它们很快被淹死。而那些乐观的老鼠不停地游动，坚信自己仍然能够控制当前的情况，胜利马上就会来临。它们游得那么努力，过了好长时间以后，牛奶凝固成了奶油，它们自然也就跳出来得以逃生了。

如果对自己改变环境的能力过于乐观，那么就需要对自己实际的能力水平进行一下检查。因为只有正常的、健康的乐观主义者才能正确面对现实，事实证明他们也乐意这样做。有好多种情况需要我们对现实及自身能力进行准确的评估，例如驾驶飞机、从事会计工作、给病人做手术等。研究发现，当一个人情绪稍微有些低落，或者至少处于冷静状态时，人们的精确性会更高。这好像提示我们，飞行员、会计和外科医生等职业确实需要人们稍微具有一些悲观倾向。但是一般来说，乐观一些，把幸福放大一些，对我们来说是一件好事，特别是在面对困难的时候。

心灵感悟

在马丁·塞利格曼看来，不管在什么情况下，相信自己能够成功都很重要，这可以直接影响事情的结果。这个假设通过他对狗进行电击，然后观察其反应这一实验得到证实。在试验中，随着电流的增强，一些狗很快就放弃了反抗，然后被动地接受电流的刺激。然而有些却很顽强，不管电流多强，它们都不停地反抗。后者与乐观型的人颇为相似：面对困难时，不管遇到多大挫折，仍旧保持继续前进的动力，这是多数人行为上的一种特点。当然，除此之外，还有另外一种反应，那就是被动地接受。这两种反应之间最大的不同在于，坚持不懈的乐观主义者认为，不管什么情况下，自己都能够控制局面。他们保持着乐观和希望，为了改变环境一直努力。这是信念的力量。信念在帮助他们面对困难，勇敢接受挑战。然而遗憾的是，多数悲观主义者这时就会放弃。

看待问题的方法及归因风格

你对事情结果的预测通常是积极还是消极，这直接影响着你对目前发生过的事情所持的态度。对过去事情的印象可以间接映射到你现在的情感里面，也影响着你对即将发生事情的正确期待。如果消极地看待过去或现在发生的事情，那么就有可能使你对将来的事情抱有悲观主义思想。

生活中，不管大事小事，大脑的每一次判断都有可能是积极的，也可能是消极的。马丁·塞利格曼把这种大脑做出判断称之为"归因风格"。令人欣慰的是，每个人都可以改变自己的归因风格。简单说来，归因风格就是你对所发生的事情是怎样认为的，你对它们的主要印象是什么。

看待事情及问题的态度和方法直接影响着我们的心情（图6.1）。心情的好坏影响着我们是否能够冷静地思考，它对周围的气氛也有一定影响。心情决定着行动。如果我们消极或悲观地看待周围发生的事情，那么与那些持有积极心态的人相比，我们的工作效率就不如他们。我们的感情依赖于思维方式。因此，能否高效地工作取决于我们对自己思维方式的选择。

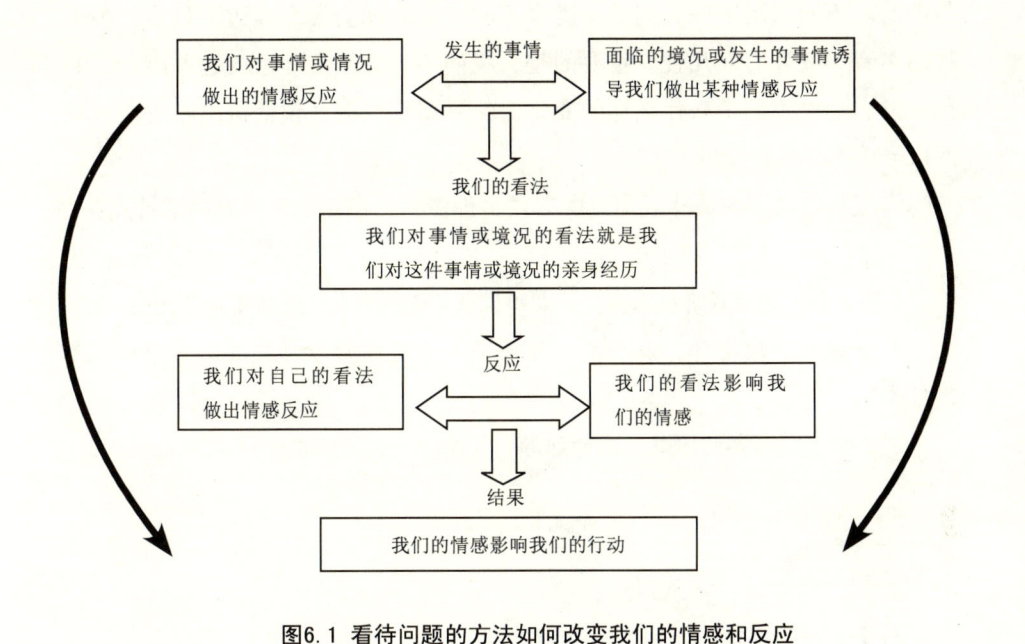

```
        发生的事情
我们对事情或情况  ⟷  面临的境况或发生的事情诱
做出的情感反应         导我们做出某种情感反应
              ⇓
           我们的看法
        ┌──────────────┐
        │我们对事情或境况的看法就是我│
        │们对这件事情或境况的亲身经历│
        └──────────────┘
              ⇓
             反应
   我们对自己的看法 ⟷ 我们的看法影响我
   做出情感反应         们的情感
              ⇓
             结果
        ┌──────────────┐
        │我们的情感影响我们的行动│
        └──────────────┘
```

图6.1 看待问题的方法如何改变我们的情感和反应

让淘气包变得听话

截至目前,积极心理学家们进行过很多有关改变人们思想观念的研究。最为著名的要数认知行为疗法。与本书属于同一个系列,我们出版了一本非常好的关于认知行为疗法的书。

基于认知治疗模型,塞利格曼制定了一整套方法,这就是"佩恩—乐观主义培养计划"。实践证明,这套方法是非常有效的,特别是对于培养和发展孩子解决问题的能力、使他们对未来更加充满希望,一直到最后远离心情沮丧等都具有明显地促进作用。塞利格曼把我们评价自己信念的方式称之为"归因风格"。那么,你的归因风格是什么?当遇到问题与困难时,你的耳边经常会响起怎样一种声音?作为心理咨询师,我要细心观察每一个人耳边出现的声音。因为我发现,每个人耳边出现的声音是不一样的,有些属于乖乖儿,还有些则是淘气包。能够仔细观察这种不同,对解决问题很有帮助。仔细观察后发现,如果找出这种淘气包发出的干扰声音,对我们来说也是有帮助的。不同情况下，我们的感受也不同，有时你会发现耳边不只是一种干扰的声音，或许有好几种。重要的是，我们要学会倾听耳边的这种声音，时刻注意它会给我们带来什么样的变化。然后使这些淘气包变得温顺听话，继而恰当地处理好这个问题。

淘气包传达消极或悲观信息的方式多种多样，概括起来具有以下特点：

1. 持久性：总是或者从来不。（太阳从来不会照亮我，它总是令我失望）

2. 普遍性：所有的，每个人，每件事。（所有的节食都没用，所有人都很轻率）

3. 个性化：内部的问题，我的问题。（我一点儿也不行，这是我的错）

小练习

对于不好的事情，不同的人会有不同看法。

悲观主义VS乐观主义

不好的事情	消极的看法（悲观主义）	积极的看法（乐观主义）
一个朋友取消了中午聚餐	1. 人们总是不能履约 2. 聚餐没有意义 3. 她不喜欢我，因为她觉得我很无聊	1. 她今天肯定很忙 2. 工作期间聚餐不容易 3. 活动会经常被她取消

我们是怎样被悲观主义情绪所俘虏的呢？塞利格曼采用了艾伯特·埃里斯的解释模型，他把其称之为ABCDE（取各英文单词或词组的首字母）：

A：不高兴的事情（英文Adversity的首字母为A）

B：信念（B: Beliefs）

C：随后心情改变（C: Consequent mood change）

D：纠结（D: Disputation）

E：释放能量（E: Energisation）

运用以上例子，ABC就变成：

A：不高兴的事情＝朋友取消了聚餐
B：信念＝她不喜欢我，更让我相信自己很无聊
C：随后心情改变＝现在感觉没有以前幸福了

重要的一点就是要注意看一下是哪些想法在影响你的心情。当我们发现了这些想法时，就要进一步核实一下，看它是否真的存在。那么，我们判断是否有这种想法的根据是什么呢？接下来我们对于这些想法的反应又是什么？

D代表纠结（Disputation）：
在这个假想的例子中，我们可以因为一系列的事情而纠结，比如：

- 她经常随意取消计划
- 她从来不随意取消计划
- 我们经常碰面
- 当我们约时间的时候，她说她那时很忙
- 我们是多年的老朋友
- 我对她不是很了解，所以无法判断等等。

每种想法都有可能成为解释朋友为何取消这次聚餐的理由，但是不同的解释可能会给我们的心情带来不同的影响。如果你想让自己的心情变得更好，那么就要对此进行积极的解释。

对于我们的想法，要从两个方面进行质疑：
1. 与不幸的事情是否相关。这个想法符合实际吗？这是对事情唯一的解释吗？
2. 接下来的心情变化。情感反应是否有些过度？我们的反应与这些想法是否显得有些不协调？如果事情真是这样，那么这种想法可能是冰山一角，水下有可能隐藏着其他更多想法。其中，主要的想法代表着你核心的价值观，也就

是对你来说最为重要的那些事情。详细情况请翻阅第四章和第七章。

　　对事情的看法会直接影响我们的心情,理解了这个基本原则,那么我们就了解了如何正确地对所发生的事情做出恰当反应以及如何处理这一问题。如果我们能够以积极的心态来看这个世界,那么我们就会对身边的事情做出合理的反应。

> 　　每一种想法都会使我们做出不同的情感反应。有些时候那些消极因素的干扰作用还是很明显的。卡琳·雷韦齐和安德鲁·夏蒂在他们的《影响适应能力的因素》一书中,把这些明显的干扰因素称之为干扰性冰山因素,因为表面的反应后面隐藏着更为强烈的其他想法。遇到一些事情时,如果你的反应不在正常状态,那么你就知道自己已经撞上这样的冰山了。一座冰山往往与一种更加强烈的需求和价值观联系在一起。

培养积极看待各种问题的习惯

看一下下面几句话:

	持久的	暂时的
1. 持久性	这里的天气总是不好 我永远都不会找到工作 我的生活很好 我的厨艺很厉害	今天这里的天气不好 我没有得到那份工作,因为今天迟到了 今天我过得很好 今晚我做了一顿不错的饭菜
2. 普遍性	普遍现象 我是个毫无用处的人 她很漂亮	个别现象 我不擅长写东西 她穿那件衣服很漂亮
3. 个性	内部因素 我有些厌烦 那是因为我才发生的	外部因素 你很无聊 我很幸运

　　以上例子既包括消极的,也包括积极的。这些事情都可以从两个方面去解释:笼统的和具体的、持久的与暂时的、外部的和内部的。

我们再来看一下前面讲到的那个例子，对于这件"坏事儿"，不同的人可以做出不同的反应。同样，对于那些"好事儿"，我们也可以做出积极的和消极的两种不同反应。但一定要记住，对于生活中的"坏事儿"，尽量把它看成是暂时性的个别情况，是外部因素造成的；而对于"好事儿"，则恰恰相反。

	消极的看法（悲观主义）	积极的看法（乐观主义）
坏事儿：一个朋友取消了中午聚餐	1.人们总是不能履约 2.聚餐没有意义 3.她不喜欢我，因为她觉得我很无聊	1.她今天肯定很忙 2.工作期间聚餐不容易 3.活动会经常被她取消
好事儿：一个朋友邀请我参加一个聚会	1.我得到了邀请，因为这是她的生日 2.这次聚会听起来有些意思 3.太让我感到意外了	1.我经常被邀请参加聚会 2.我很喜欢聚会 3.我很受欢迎

对坏事儿要冷静一些，多把心思花在好事儿上。

- 当那些坏事儿发生的时候，你觉得这是普遍现象，认为这是内部原因造成的，并且会持续很长时间。那么你就属于悲观主义者。
- 当有些好事儿发生时，你觉得这属于普遍现象，认为是你个人努力的结果，并且以后会经常这样。那么你就属于乐观主义者。

对于以上两种情况，多数情况下人们都会认为这是一种暂时的个别现象，而不是经常发生的普遍情况。对于我们来说，需要认识到的重要一点就是，当好事儿发生时，乐观主义者把其看作是一种经常发生的普遍情况；而悲观主义者则认为，之所以发生这样的好事儿，是一些外部因素给我们带来的暂时的个别现象。当坏事儿出现的时候，乐观主义者认为这是暂时的，很快就会过去；相反，悲观主义者却认为，这种坏事儿会经常发生。

▶ 经典实例

越是遇到困难的时候，乐观思维的效果就越明显。有些人总是很自然地把所有事情都看作是暂时的个别现象，我外甥女就是一个典型的例子。在乳房切割手术做完以后，遗憾的是，再生组织植入失败。她不觉得这是个多么复杂和严重的问题，所以在疼痛消除以后就不再想这件事了。她跟过去一样，根本不把这当回事儿，想着它自己肯定会痊愈。正是这种心态，让她完全忘记了逐渐减轻的体重给她带来的烦恼。她的确从这种心态中收益很大，后面我们还会讲到这一点。

当这些事情发生时，请留意一下自己看待周围事情的风格：

- 当你觉得事情很糟糕，并且会持续一段时间；
- 当你总觉得发生任何事情都是一种普遍现象；
- 当你取得了某些成绩，但总觉得这是一种偶然现象；
- 当你总是把成功归功于命运和运气，而不是自己能力的体现或主观努力的结果。

我们并不是想让每个人都学会妄想。而是在对待每一件事情时，都让我们学会增加积极思维、同时减少消极思维的诀窍。对此，我们每个人都需要正确地把握。

心灵感悟

直到今天，日常生活中消极情绪到底对一个人的反应有多大程度的影响，关于此类的研究，其结果并不完全一致。但是，很多研究已经证实，一个人的心态积极与否的确对事情的发展起着重要的作用。

乐观的力量

多数积极心理学家同意这样的观点，那就是对将来的态度直接影响事情的结果。对当前的事情及面临的情况，以及我们所起的作用等方面，如果我们保持积极的心态，拥有乐观的心情，这对我们来说，其意义是非常重大的。在面对困境时，乐观主义者的确比悲观主义者做得更好。如果你以乐观的心态来对待每一件事情，情况就会变得越来越好。减少消极情绪有助于增进我们的健康，同时也可以有效提高一个人处理问题的能力。

经过对心理健康诸多方面的研究，一个人如果能够保持乐观，他就能：

- 减少发火的次数；
- 减轻孤独感，当年老时能够更好地控制自我；
- 减少日常烦恼、减轻压力；
- 减少以下人群的消极抑郁情绪：生完孩子、得了癌症以及护理老年痴呆症患者的人；
- 更好地适应新环境；
- 减少截肢之后产生抑郁的概率；
- 带来更高的自尊；
- 甚至可以减轻导弹袭击之后人们的恐惧和焦虑。

以上各项告诉我们，乐观主义者可以更好地处理各种问题。拥有乐观的心情，他们就会从心理上积极地鼓励自己从疾病和灾难中迅速恢复过来。

保持乐观还可以对我们的以下能力产生积极影响：

- 对将来的适应能力；
- 从经历各种小事和大事中得以成长的能力；
- 创造机会的能力；
- 与他人积极相处的能力；
- 遇事可以分清轻重缓急，从而制定更加合理奋斗目标的能力。

心灵感悟

心理学家卡佛和施赖埃尔把乐观的心态视作人的一种必备素质。通过多年研究，他们发现，对于一个人来说，喜欢发现光明的一面是一个很大的优点。一个人心态越悲观，那么他就越容易生病，而且也越容易经受孤独和抑郁带来的痛苦。

> 乐观主义不是悲观主义的另一面：
> - 即便不增加自己的乐观心态，我们仍旧可以减少或减轻自己的消极心态。
> - 反过来，在不减少或减轻消极心态的情况下，我们仍然可以增强自己的积极心态。
> - 关键在于从两个方面努力：减少消极心态，增强乐观心态。

积极心理学家的建议

你可以登录网站（www.authentichappiness.com）参加免费的乐观程度测试，详细查看一下自己的乐观程度。

乐观处理各种事情，增强自己的适应能力

1. 解决问题

战胜困难、走出困境需要我们对当前情况进行正确估计，寻找解决问题的不同方法。恰当处理这些事情不仅需要较好的解决问题的能力，也需要面对逆境时具有良好的心态。就像第四章我们在讨论目标的实现时讲到的那样，解决问题能力是一项重要的处事策略。所以，请一定记住，所有有助于培养一个人解决问题能力的因素都对提高一个人应对困境的能力有帮助。对当前情况保持乐观，会更有助于解决问题。乐观主义者，就像掉进牛奶搅拌器里的老鼠一样，对前景总是保持乐观心态，相信自己可以通过努力影响事情发展，从而改变被动的局面。他们始终对自己充满信心，不停地采取行动，而不是消极地接受目前被动的现实。拥有这种心态的人，在面对逆境时，压力会大大减小，也不会有太多的悲观情感。从第三章和第四章我们已经了解，积极情感对一个人起着很大的作用。思考是能够制定出好的解决方案的一部分。多试试能够激发自己积极情感的方法，这样可以让自己更好地思考；如果能够做到更好地思考，那么就会激发更加丰富的想象力。充满希

望的良性循环从此也就被激活了。

> 心灵感悟

积极的悲观主义

说起来可能有些令人费解，乐观主义并不全都值得肯定。当我们面临困难和压力时，不切实际的乐观是不健康的。我们老是告诫自己，把事情想象得很糟是一种很坏的策略，但确实有人在处理困难和面对压力与挑战时采取一种积极的悲观主义。这种方法把周密的思考作为处理问题的方式，遇到困难时总是做最坏的打算，就是为了能够做到提前准备而预防万一。经常这样思考问题的人，如果故意引导他们去乐观地看待事情，他们在处理实际问题时就会出问题。积极的悲观主义也是一种解决问题的方式，包括对困难程度的精确估计以及处理焦虑的适当方法。一旦确定了要面对的困难和挑战，这种悲观主义就转化为一种有效的解决问题的力量。

2. 他人支持

乐观主义者更容易吸取他人的建议，也更有希望得到别人的支持。这既是一种个人情感上的优势，实际生活中又可以降低一些风险，比如避免我们面对困难时反应过于乐观或者采取的应对策略不切实际。向朋友和家人寻求帮助，关键时刻他们可以给予我们支持和鼓励，有助于我们制订科学的计划，也有助于我们进行良好的自我管理。而悲观主义者更容易远离他人。

3. 勇于面对问题

乐观主义者不喜欢回避问题。实际上，他们比悲观主义者更加实际。这对于"积极参与"这种乐观主义行为来说尤为重要。对于生活中的问题，乐观主义者总能积极面对，而不是敬而远之。他们把这些事情视为可以面对的挑战，而不是要回避的困难。请记住，健康的乐观主义者即使在面对逆境甚至是灾难时，也总能表现出超然自若。他们能够客观地看待这些事情。当面对这些问题时，也很容易做出理性而且积极的反应，因为他们总是在控制着现实情况。为了使自己能够成为健康的乐观主义者，我们需要学会建设性地思考问题：在对现实情况进行理性评估的基础上，学会如何促进和激发自己的积极思维。

4. 学会主动受益

乐观主义者更容易从生活中受益，特别是做错事情时，能够从中找出原因并提高自己，这是一种非常了不起的处事方法。学会主动受益有两种方法：第一种就是为了给自己带来希望，遇到事情做最坏打算，然后把这种最坏打算与实际情况进行对比；第二种是努力从手头处理的一些事情上找出其积极的一面。以上两种都是比较好的解决问题的办法。吸取教训和提高自己，从长远来看，既能改变我们对待事情的看法，也能提高我们处理问题的能力。不管是作为短期的、减小伤害的一种方法，还是作为长期的一种积极生活态度，善于发现积极的一面，学会从生活中主动受益，对于我们走出生活的阴影都极为重要。学会从困难中发现积极的东西，我们会终生受益。

小练习

想象一下目前你正在面临的一些困难或问题：

- 从目前你面临的困难或问题中，能找出让你受益的东西吗？
- 当前这种情况给你带来的积极后果是什么？
- 怎样才能更积极地看待这些事情？

乐观主义者能够更好地接受现实，或许因为他们对自己的能力抱有错觉，从而在解决问题时能够从心理上更加积极，所以最终也能更好地解决问题。他们以积极的方式看待事情，从他人那里寻求支持，从各种境况中寻求意义，时刻抱着学习的心态。而悲观主义者与此恰恰相反，他们喜欢远离现实，不管是不是对情况进行了准确的评估，总是从情感上首先远离，而且喜欢选择逃避。

情感处理策略

事情变得越糟,我们的感情就会越容易处于紧张状态。当面临困难或不幸时,能够较好地控制自己的感情的人,那么在处理其他困难的事情时就会处理得更好。

适应性防御机制

适应性防御机制就是一个人处于压力状态下控制自我情绪的各种行为。心理学家乔治·瓦利恩特建议我们可以采用以下五种方法:

- 抑制。直到以一种合适的方式释放之前,你能完全控制住自己的感情吗?长时间地压抑自己的感情是不好的,但是保持镇静——也就是"世人皆醉我独醒",却是一种重要的处世技巧。在讲话之前尝试一下这些动作,比如深呼吸,尽量使自己安静下来。注意一下自己的姿势,如果你兴冲冲地站着或者表现出一种很委屈的样子,那么这时候你的感情就很难抑制住。尝试一下放松自己的身体和肌肉,使自己的姿势与需要的感情协调起来。

- 预测。多大程度上你能够预测将来发生的事情,并为此做好准备?真正善于解决问题的人会在事情发生之前考虑很多。为了对事情的结果有充分的思想准备,提前预测对于人们来说成为了一种常识。做好最坏的打算很重要,但是为了取得最好的结果提前做好准备也同样重要。拥有开放和变化的心态,将有助于我们对将来发生的不幸做到预测、发现和提早做好心理准备。

- 利他主义。不管从哪个方面来讲,这都是一个很好的处世策略。如果你完全为他人着想,那么就很难顾及自己的得失。你能把自己的焦虑和难处统统放到一边,全身心地支持他人吗?为什么不试着把自己的时间花在这上面一些,哪怕一点点,随后慢慢把它变成习惯呢?(把满足他人的需求当成一种情感处理策略对我们来很有用,但是一定记住,千万不要让这种需要变成一种依赖。)

- 幽默。对于减轻压力,幽默不愧是一项重要的策略。幽默还有助于培养其他策略,比如在做事情时,它能使整个过程变得很轻松。研究显示，幽默对于减轻压力以及病后康复有着积极的促进作用。幽默是一项很好的应对策略，因为大笑能够增进我们的健康。而且当你大笑的时候，人们身体的各个部位都得以放松，这对我们的身心都大有好处。此外请记住，幽默在减轻压力的同时还可以让我们更好地思考。

- 升华。你能让自己的情感以一种大众化、且被社会广泛接受的方式得以流露吗？冲突和激情之类的情感都可以加以艺术的外观，让其变得更为高雅。如果你的感情处于高涨的时候，你能让它以一种下意识的、但却非常有效的方式表现出来吗？

心灵感悟

幽默是一个较为复杂的东西，它具有多面性。幽默既可以带来痛苦，也可以带给人们欢乐。许多喜剧演员都忍受着抑郁的折磨。男人和女人应用幽默的方式也不一样。男人利用幽默把人与人从心理上分开，而女人则利用幽默把人们关系拉近。

小练习

回想一下最近让你感觉颇有压力的一件事情：

- 你试着利用以上适应性防御机制了吗？
- 幽默起作用了吗？
- 当时的你，是专注于自我还是较多地关注他人的事情？
- 在你的预测中，有没有一些更好的事情要发生？
- 如何才能更好地处理当前的情况？

适应与自我调节

自我调节是我们改变认识和看待世界方式的另一种说法。以一种健康的方式接受不幸，这不仅仅是从事情本身发现意义，而且更重要的是，要主动适应这些不幸带给我们生活的变化，而不是让它牵着鼻子走。当我们完全适应了变化的环境或者已经接受了不幸，那么我们就会把它变成自身的一部分，就像什么都没发生过一样。事情或不幸本身也要迎合我们的要求。小的不幸或者挫折，我们容易适应或接受。但是有些天大的事情发生了，我们不能装作什么都没发生一样。这对我们来说，要想适应它并不容易。死亡、严重的疾病、丢失财产甚至亡国，任何一种创伤过后，我们的归属感以及自我认同都要发生明显变化。这需要我们能够尽快适应这些事情带来的变化。拥有一个开放的心态，不要自我封闭，对我们走出生活的阴影，去适应变化了的新世界来说非常关键。

能够适应不幸，就好像对于一件小了不能再穿的衬衫，我们可以把它重新裁剪做成其他东西。衬衫仍旧存在，而作为衬衫它已经没用了。但是，换一个角度想，作为布料它仍然有用，我们不能把它扔掉。所以，与其强迫它去发挥原来的作用，还不如承认其变化，让它换个方式继续为我们服务。当生活带给我们考验甚至打击时，我们面临的情况和境遇发生了变化。与其装作什么都没发生，倒不如学会主动改变自己去适应这种变化。比如，某人失去了双腿，肯定要遭遇坐轮椅的不便，但是既然这样，为何不主动去接受这种现实呢！从另一个方面来讲，主动适应变化还可以让你在成为一个新的自我之前，提醒自己充分考虑已经变化的情况，继而培养起新的生活方式。

创伤之后的成长

在经历不幸或者创伤之后，一个人很有可能变得更成熟。从痛苦与悲伤中走出，不仅仅发生在好莱坞的电影剧本中。从痛苦中走出，使自己变得成熟，这是许多宗教以及哲学教义的核心，也是很多伟大的文学作品要传达给我们的思想精髓。这种潜力，是人类所特有的、最为强大的力量之一。创伤之后的成长，也就是创伤和不幸之后人们发生的心理变化，其作用在许多年前就已经被人们所认可。当这个术语在1996年第一次被心理学家泰代斯基和卡伦所使用时，他们用这个概念，把人们在经历不幸之后的心理成长方面的报告和自己的临床经验结合了起来。

当人们感觉自己有以下变化时，那么他的心理变化就可以被认为是创伤之后的成长：

- 关系得以改善
- 生活增加了新的可能性
- 对生活充满感激
- 对个人力量充满自信，注重精神成长

心灵感悟

痛苦的经历可以给我们带来：

- 个人性格的成长
- 个人观点的成熟
- 人际关系的改善

把坏事变好事——这个过程本身存在很多不确定因素：

- 人们在发现自己长处和潜力的同时，会看到自己的缺点与不足。
- 人们会同时体会生活中最好的一面和最坏的一面；真正认识到这个世界都由哪些人组成。
- 通过诉说自己的经历，人们了解了亲密关系的重要性，也知道了可以向谁倾诉。而且在与他人相处时会更富同情心。
- 人们了解了生活中什么最重要，并且开始对小事心存感激。
- 好多人会说，他们发现了生活的真正意义所在，知道了如何使自己的精神世界更富有。

以上所说的事情看起来非常鼓舞人心，但是创伤之后要想成功地从阴影中走出来还依赖于很多其他因素，其结果并不会马上出现。这些事情时刻都在发生，而且有些事情带给人们的痛苦是如此之大，所以本书要想详尽地讨论这个问题似乎有些不太可能。通过研究我们得到一项非常有意思的发现，就是把事情用笔写下来。不能只顾处理事情，也不能只留意自己情感的反应。有件事情非常有趣，罗马皇帝马库斯·奥里留斯曾谈到，每次战斗结束，他就要求将士们立即把情况写下来，然后彼此分享经验。

谈论创伤有助于我们弄明白事情发生的意义，为我们从中发现有益的东西提供机会。心理学家詹姆斯·佩尼贝克的研究显示，把经历的创伤写下来可以让我们真正地理解它的内涵，从而发现其意义。他让人们每周抽出一天时间，花费大约十五分钟，把感觉比较棘手或者曾给自己带来伤害的事情记下来。一年之后，完成实验的这些人要比对照组的人更健康，也比那些只是把事情记下来而没有考虑这样做到底有何意义的人更健康。所以，对于经历过的创伤，只是写下来是不够的，还要理解这样做的意义。

小练习

詹姆斯·佩尼贝克的写作实验：

在接下来的四天当中，希望你能把一生中带给你最大创伤的事情写下来。在你写的时候，你要完全放开禁锢，真正挖掘自己内心深处的情感。你可以把要写的内容与他人联系起来，包括父母、配偶、朋友或者亲戚。你也可以把自己的经历与过去、现在或者将来联系起来。想象一下你过去是什么样子，将来你希望自己成为什么样子，或者现在你真实的样子。你可以每天都写一些对这些创伤的大致回忆或经历，也可以选择每天写一件给你带来创伤的具体事情。所有的细节我们都将为你保密。

不要担心写什么内容，也不用担心拼写和语法错误，尽管让你的感情真实地流露在纸上。这只是让你自己看的，不用讲客套话。

倾诉所有经历的需要

从不幸中恢复且能够得以成长往往发生在一种宽松的氛围中，这种氛围允许所有的思想和感情得以倾诉，不会限制人们诉说自己任何的情感、经历和思想。自己的故事如果被他人很好地倾听，那么它也许就成为一个新的生活故事。没有任何需要解决事情的压力，只是留给自己一个适应和改变的时间，这种情况下他人的倾听与理解显得非常重要。另外，与那些和自己有着相同经历，并且坚强地走过来的人在一起，可以帮助自己成长。

生活要有连贯性

要想生活具有连贯性，必须知道什么对于我们的生活来说最重要，哪些事情能够让我们明白生活的重点。当我们经常问自己为什么这样生活时，所有那些无足轻重的琐碎小事就会远离我们。有时候我们好像生活在一个前后矛盾的世界。心理学家亚伦·安踏诺夫斯基认为，生活具有了连贯性，对于提高我们的生活满意程度会产生积极影响。也只有具备了这种意识，生活才会保持前后一致，我们才会主动从事一些有意义的事情，生活因此也会变得容易掌控。在经历不幸之后，人们更容易培养起生活的连贯性，因为我们会把那些无足轻重、没有意义的事情放在一边。

▶ 经典实例

一个朋友花费了数年照顾她严重残疾的女儿，因此她走上了创办慈善事业之路。她个人对于悲剧和痛苦的经历，现在已经成为通过自己工作满足他人需要的一种巨大动力。这项工作对她来说令人兴奋，但同时也充满挑战。目前的生活对她来说是个冒险，是几年前从没有想到过的。生活中所有不重要的东西都离她远去，她的生活只有一个明确的目的，那就是竭尽全力去实现自己的目标。她心中对生活有一个"为什么"，而这个"为什么"就来自于她的不幸经历。

> 知道为什么而生活的人，肯定知道如何生活。
>
> 福里德里克·尼采 1844—1900

这一章我们主要谈了人们的一生中会遇到的不幸遭遇。然而，现实中许多人面临的不是一次不幸遭遇，而是多次。研究显示，一个人在青少年时期，经历的不幸（比如贫穷、恶习或者失去父母）越多，其智商水平就越低。

心理学家阿诺德·萨摩洛夫通过研究发现，小时候没有经历过不幸的人，平均智商水平是119；只经历过一次的，智商水平是116；经历过两次不幸的，智商为113；经历过四次不幸的人，其智商水平直线下降到93。而经历过八次不幸的人，智商水平低的只有85。有过一两次不幸遭遇的小孩，大多能够健康成长。但是经历次数越多，对他们的智商水平影响就会越大。

失去认知能力就意味着一个人失去了发展自己适应能力的最重要的东西，没有了认知能力，一个人也就失去了对生活的希望。前面我们已经谈到，每个人都需要一定的处理问题能力，也需要时时刻刻注意自身的情感。一定要记住，就像本章提醒我们的那样，拥有积极良好的心态对我们培养自己的潜力极为关键。同时也要记住，第三章告诉我们，积极不能过头，任何事情都有一个度，高兴过度有可能给我们带来负面的影响。以往的研究已经证实了长处带给我们的累加效果，这里所说的长处包括本书告诉你的所有有用的东西。

在对青少年的适应能力进行研究时，阿诺德·萨摩洛夫发现：

平均拥有31个至40个优点的青少年中，只发现6%的人具有暴力倾向。平均拥有21个至30个优点的青少年中，16%的人有暴力倾向。拥有11个到20个优点的青少年中，具有暴力倾向的人已经上升到35%。而拥有0个到10个优点的青少年中，有61%的人都有暴力倾向。问题不在于你拥有哪一个优点，而是在于你拥有优点的多少。

本章要点回顾

本章主要介绍了以下两个问题：一个人遇到事情时的反应如何受到其信念的影响；为什么拥有乐观的心态会有助于我们更好地解决问题和增强自己的适应能力。

- 我们鼓励大家仔细观察自己的信念，对生活尽可能采取积极乐观的态度。
- 你已经了解了自己的归因风格，此外我们还提醒大家，在遇到困难与不幸时，把坏事看成是个别的、暂时的以及外部的东西，这样有助于我们更好地对其进行处理。

- 为了帮助大家检查和了解自己的归因风格，从而积极地看待周围的事物，我们为您介绍了ABCDE解释模型。

- 我们还探讨了遇到困难时可以尝试的四种乐观型处理方法：

    1 展示解决问题的能力，这里对第四章内容进行了简要回顾
    2 把问题说给他人，学会利用他人的帮助
    3 敢于面对问题，学会坦然处之
    4 学会变不幸为万幸

- 我们还讨论了如何利用五种情感方式处理问题：

    1 抑制
    2 预测
    3 利他主义
    4 幽默
    5 升华

- 我们还为大家解释了为什么主动适应遇到的不幸对我们有好处，以及把不幸的事情写下来有助于我们从创伤中恢复。
- 本章教会大家如何利用小的处理策略来应付生活中的不幸。让我们了解到培养适合自己的策略并且强化它们，对我们摆脱不幸、走出阴影非常重要。本书中的所有内容都是要教会大家如何培养自己的优点，怎样增强自己的适应能力，从而拥有辉煌灿烂的生活。

明确告诉自己可以做什么，拥有积极的心态就是我们需要做的第一件事。下一章主要探讨"为什么"，也就是生活的目的。

07

第七章

‖ 找出问题之关键：生活要有目的 ‖

生活的目的就是有目的的生活。

罗伯特·伯恩

本章将帮助大家更好地发现自己的价值观，真正了解什么可以使我们的生活更有意义和更具目的性。

为什么我们需要目的/意义？

幸福而有意义的生活不仅仅是拥有暂时的好心情，也不仅仅是做我们喜欢做的事情，它还包括更多其他的东西。这一点每个人都知道，其实不用积极心理学家告诉我们。我们不能为了一时的快乐和享受去生活。能够给我们带来巨大喜悦和幸福的东西，多数都是靠我们长期努力奋斗得来的。

要知道，在多数轻易得到某些东西的时候，生活最容易跟我们开玩笑，特别在你尽情享受快乐的时候。我们对很多东西适应很快，这既是一件好事，也是一件坏事。有些东西你曾经迫切地希望得到它，而现在你已经得到了。刚开始它会带来很多乐趣，但是你很快就变得适应了。乐趣持续不了多长时间，我们就开始觉得拥有它理所当然，从而又期盼新的东西。新衣服、汽车、新装修的厨房，甚至工作或者伴侣，这些曾经都是我们梦寐以求的，但是一旦拥有，都可以变得非常普通而平凡。同样，你对坏事也可以适应。你可以容忍甚至对那些给你带来痛苦的东西视而不见。

长久的快乐和幸福来自于有目的和有意义的生活，所以一个人对生活是否满意不取决于欲望是否得到满足。知道什么对你的生活最重要，或者至少在一些细节方面要有特定目的，将会使你的生活变得更丰富，从而增加自己对生活的满足感。能够给你平凡的生活增添意义的事情，很多就摆在你面前。对生活的积极干预能够影响一个人的身心健康，从一定程度上也引导和鼓励一个人从新的视角审视生活。它还提醒我们，要满足于目前拥有的一切，同时抛弃沾沾自喜。

研究多次证明了健康与发现生活意义之间的密切关系。让生活变得更有意义，我们可以从中受益的方面有：

- 能够把认识从消极转为积极
- 心理更健康
- 提高一个人的自尊
- 让生活更具目的性，努力保持生活的连贯性
- 提高免疫力

生活有了意义，对于做每件事情，都可以让自己明确地知道为什么。知道自己过着一种有意义的生活，这种认识可以帮助我们勇敢面对困难，顺利渡过难关。生活的意义，说得通俗一些，就是自己为自己编写故事。在生活中扮演什么角色，你会成为什么样的人，能够从事什么职业，这都由自己决定。

> 人们缺乏生活的目的与意义成为美国大萧条的主要原因。
> 维克托·弗兰克尔 1905—1997

维克托·弗兰克尔，一个大屠杀中的幸存者，在他的颇具深远影响的著作《人类对意义的探寻》一书中写道：与不幸的经历相比，人们的生活缺少意义，从而感到枯燥乏味，会引起更多的精神问题。

了解自己的价值观，为了这些价值观而生活，这会让我们的生活变得具有目的性，也会更有意义。有目地生活，我们就有了方向；我们就知道了自己今后要走的路，同样也了解了真实的自己。走什么样的路是由自己选择的：当走路的过程变得比终点重要时，生活就会变得生机勃勃，振奋人心。你知道自己努力的方向，也知道为什么选择这个方向。一个人选择的道路与其生活的目标或工作无关，它带给我们的是对生活过程的整体质量提升。其中包括生活的目的，还有个人作出的独特的贡献。

你的道路是什么？是你用心选择的道路吗？我们不需要匆忙奔跑，也不需要总是望着前面的目标。在实现自己的目标时，当我们唯一关心的就是什

么时候才能到达终点时，那么这就是一条错误的道路。怎样找到适合自己的道路，从而找到自己的目标呢？很多时候，确切地知道这个答案并不容易。本章就是帮助你了解自己真实的价值观，并且知道为什么会有这种价值观，从而给你的生活带来更多目的和意义。

心灵感悟

生活具有目的性的人会更长寿，而且精神上更健康。通过长期的研究，心理学家阿伦·布克曼试图发现到底生活的哪些方面能够降低患上老年痴呆症的风险。在对生活目的性的测试中，与得分很高的老年人相比，得分一般的老年人患老年痴呆症的风险要高出2.4倍。生活是否具有目的性是唯一对此具有显著影响的因素。

如何发现意义

通过前面几章我们已经知道，要学会利用自己的长处，要选择去做那些能够让自己全身心投入并且从内心充分调动起我们积极性的事情。你也检验了自己的心态，尝试着从痛苦与不幸中发现意义，也思考了如何才能使日常生活乐趣持续时间更长。现在，也许你有一点点乐观、对生活有一点点希望与感激。但是，你如何知道自己希望在生活中扮演的角色呢？这个问题非常重要，因为对你来说，它具有更深层次的意义。你的价值观以及什么对你来说最重要，这是我们探寻生活目的的第一步。价值观是我们优化个人需要的一种方式。人类的需要具有普遍性，可是如何优化这些需要却因人而异。我们可能都看重爱情、家庭、诚实、信任、友好、趣味或者安全。然而，越是那些与我们心灵产生共鸣的价值观，就越容易让我们活出真实的自我。本书最后给出的价值观列表共列出超过三百种价值观，这些价值观很值得我们花时间去尝试，从而让我们的一系列优势与独特的目的一并迸发出来。

> 积极心理学家的建议

生活中被动地接受别人的价值观，不如主动培养自己的价值观。

感觉好不等于感觉充实。

如果不是出于自愿，而是强加给自己，那么做好事，生活好，其实都不好。

> 心灵感悟

研究发现，能够充分体现自己价值观的生活对我们的健康有着积极的影响，特别是那些来自内心深处的、能够反映真实自我的价值观更是如此。源自我们内心的、自发的，或者以成就取向的价值观（例如创新、改变、激动、激情以及自我表达）对健康来说会有积极的影响，而一些外在的价值观（例如传统、规则、稳定）的影响则是消极的。尽管如此，幸福和健康并不仅仅来自于我们内部。科学研究表明，我们的幸福与健康既与内部的自我表现有关，也与我们的外部需求有关。

了解了自己的生活目的，知道什么可以给我们的生活带来意义，这是一个发生在我们内心的内部过程。

快速浏览一下自己的生活，看看什么时候你最有成就感，感觉生活最有意义：

- 与家人和朋友在一起
- 在单位或工作中
- 忙于自己的业余爱好或娱乐消遣时
- 生活步入正轨，收入丰厚，足以养活自己
- 身体健康，坚持锻炼；吃得好，睡得香；不定期去做口腔保健
- 与配偶一起
- 待在自己家里，或者外出亲近自然
- 与更多的人接触，参与一些志愿者工作，或者参加一些政治活动
- 享受自己丰富的内心世界

←①②③④⑤⑥⑦⑧⑨⑩→

从1分到10分，在每个领域里，就你的人生目的实现问题，看能给自己打多少分。

越来越多的研究显示，我们可以从多重渠道发现生活的意义。生活改变了，我们的价值观和需求也随之发生改变。在生活中的某个方面我们看重的东西，与其他方面也有很大不同。我们不妨做个多棱镜，这样就可以展示真实的自我。我们也可以选择一种前后连贯的生活方式，从而使自己的生活具有明确的目的。

花几分钟时间再看一下第四章你列出的长处列表，找出其中最明显的十项长处。最明显的长处就是你核心价值观的集中体现。在这些长处中，看看哪些是你确实喜欢的；哪些品质和优点是你离开之后无法生活的；哪些优点对你来说非常重要，以至于成为你生活的必须。把原来的列表扩展一下，扩展到20个，并按照其重要性进行排序。然后查看一下本书附录中的价值观列表，看看哪些还可以增加进去。当你把列表弄好以后，根据每项长处在你生活中出现的多少对其进行评分。

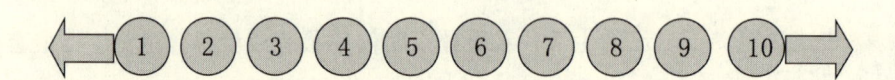

←①②③④⑤⑥⑦⑧⑨⑩→

然后重新阅读列表，问自己以下问题：

- 有多少长处是因为你不得不对其进行评价，从而被动地写下来的？
- 有多少长处是你自己认为应该写下来的？
- 有哪些长处说出来会让你觉得不舒服，从而选择放弃？

有很多方式可以帮助我们发现，在生活中我们最看重的是什么，什么对我们来说最重要。下面几项练习和问题就是可以选择的若干方式。

> 心灵感悟

当年轻的时候，我们通常继承父母的价值观。这种情况下，价值观通常都是他人给予的，并非我们自己选择。当然，我们的经历可以影响到个人的需要。比如，如果从小在一种缺乏安全感的环境中长大，你就会对所有事情要求尽可能安全。发现生活的目的，需要把那些由于过去经历从而给你带来的情感需要，与可以充分发挥自己的潜力、能够给生活带来意义的需要区分开来。有些与生俱来或从小培养的价值观现在已经成为了自己的一部分，可是却不再适合自己，因为长大以后很多情况下我们的需求不同于父母。价值观可以帮助我们优化自己的需要，让我们知道为什么做某些事情，所以通常它们会带给我们文化上的内涵和语言方面的体现。

价值观可以带给我们社会与文化认同

价值观既是社会强加给人们的，同时也是社会本身所接受的规范与准则。当人们越来越多地被他们所信奉的价值观所区别时，价值观本身就具有了文化意义。关于这一点，心理学家奥利弗·詹姆斯在他的《富贵病》一书中就探讨了人们为什么拥有了这么多，然而还是不幸福这个问题。如果我们认为，价值观仅仅就是感觉自己应该重视的东西的反映，那么我们并没有完全认识到它的真正内涵。

价值观的很多部分是继承来的

任何事情都有意义，但对我们来说，真正的意义在于生活中的"为什么"。生活的意义，就是为什么关注某些东西，我们的感觉可以受到文化、社会以及个人的多重影响。例如：

- 与宗教有关的、保守的价值观倾向于把传统、群体一致性、对权威的崇拜、身体的纯洁、谦逊以及他人的需求联系在一起。
- 不同的宗教有不同的价值观体系。例如，新教徒的价值观中就包含强烈的职业道德与公平正义（德国社会主义学家马克斯·韦伯指出，正是新教思想支撑着资本主义、官僚主义以及理性、法制的社会向前持续发展）。

- 商业价值观推崇外在表现、权利、成就、创新、生产效率以及卓越。
- 西方自由主义价值观关注更多的则是言论自由、个人主义以及全民平等。
- 有些国家的文化中把慷慨与友好置于所有价值观之上，而有些文化则把自律与自重看成是至高无上的。
- 虚无主义者没有价值观。
- 每个家庭都有自己的价值观：诚实、有成就、独立或者彼此信任。一个有影响力的父亲或母亲可以把对命令和安全感的需求渗透到家庭教育中去。这种教育对孩子的影响非常大，以至于有些孩子反抗命令、反对冒险，而有些却完全接受从父母那里继承的价值观。这些都是家庭价值观对孩子造成影响的表现。

小练习

回答下面的问题，找出哪些价值观是他人给予你的。

把你从小培养起来的价值观和需求写下来。
_____

你父母最重要的价值观是什么？
_____

学校教给你的道德精神与基本原则是什么？
_____

从自己从事的行业或职业中，你学会了哪些新的价值观？
_____

在工作、上学以及与同伴相处时，你最看重的是什么？
_____

如果你信仰宗教，那么在你信奉的教义中，哪些价值观是其核心部分？
_____

哪些价值观对你的政治观点影响最大？

_____

仔细查看你写的答案。哪些答案对你来说最为重要？

你想让那些对你来说没用的东西消失吗？还是想让它继续阻止你充实地生活？

这些答案与你认为最重要的前十种价值观是否重合呢？

这些问题都是有关你个人价值观的。如果你发现回答其中任何一道题，感觉特别困难或者颇有启发时，那么就用你提供的答案重新对比你制定的价值观列表。

找出我们真正需要的东西，价值观只是个开始！

在文化与社会的双重外壳遮掩之下，找出隐藏在背后的我们真正需要的东西，这样我们才能发现自己独一无二的生活目的。有人说生活的目的对于我们来说微不足道，生活目的属于一个人的精神生活，而一个人的精神在实际生活中发挥的作用并不大。我们不这样认为，有些时候我们会发现，生活目的对于我们来说是如此重要。

现在请回答以下问题：

如果你对自己有个希望，那么这个希望是什么？

_____

你对别人的希望又是什么呢？

_____

如果让你对街上一位陌生人表达一个愿望，你的愿望是什么？

_____

当你还是个孩子的时候，经常玩的游戏是什么？作为孩子，你喜欢什么？

_____

对于你的激情，别人怎么说？
_____

你的激情是为了什么？
_____

人们通常向你求助什么？
_____

你主张什么？
_____

人们可以对待你的最坏的方式是什么？
_____

你对他人如何表示尊敬？
_____

通常你对做什么感到最被动？
_____

这个世界最经常带给你的痛苦是什么？
_____

事先没有想到的情况下，你是否曾经被提拔或意外地步入一个新台阶？
_____

你能想起有一次，或某个时刻，当所有人都把目光投向你的时候，而你却觉得自己的所作所为就跟呼吸一样普通与自然？请写下你当时做了什么，在哪里做的，与谁在一起，当时的情况是什么。所有这些都会让你感觉好极了。
_____

你能回忆起曾经经历过的巅峰时刻吗？请写下什么时候在什么地方，你都做了些什么。
_____

小练习

试着想象一下下面的情景：

找一个比较安静的时候。放松，闭上双眼，想象一下你已经102岁了，大家正聚在一起给你庆祝生日。很多人出席这次聚会，你需要站起来给大家讲几句。当你站起来讲话时，你所讲的内容对大家会产生很大的影响。人们甚至因为你的讲话改变很多。

回答下面的问题，并把答案写下来。

你的哪一点是每个人都喜欢的？
_____

他们为你庆贺什么？
_____

你对大家的影响是什么？
_____

关于什么对你来说最重要，目前你已经了解了很多，甚至能够写出一篇很好的文章来。

- 你的答案是否具有一定的规律性呢？
- 有没有什么让你惊奇的地方？
- 如果有的话，什么样的答案激发了你情感上的反应？

小练习

史蒂夫·帕夫琳娜有一个发现人生目的的有趣方式。这个练习大约需要花费30分钟到60分钟的时间，花费这个时间是值得的。我知道人们开始非常怀疑，但后来发现结果令他们很吃惊。你一定保持镇定哟！

拿出一张空白纸或打开电脑，先写下题目"我生活的真正目的是什么？"然后把进入你大脑中的所有事情都写下来，坚持写下去，直到自己哭出来。写的时候，留意一下自己什么时候开始心情澎湃，在这里做个记号，以便随后查询。给每件事情进行编号，如果需要，你可以编到100甚至更多。如果你感觉思维枯竭或者卡壳儿了，就停下来，休息两分钟，然后继续。祝你好运！

设计一条人生箴言

一个好的公司知道他们做什么,为谁而做,他们往往拥有一个目标宣言,可以把公司的道德风貌与精神气质概括出来。一些公司特有的东西通常会反映在他们的产品与服务的各个层面。对于这一点,我们并不感到奇怪。在这种情况下,他们就是重视箴言的作用。当某个品牌在宣传自己,从而做出某些承诺时,不管是消费者,还是公司的员工,都会因此相信并感觉与这种产品打交道是一种享受过程。

●你有自己的人生箴言吗?如果有,它符合你的生活情况吗?

发现自己生活的真正目的,其实跟一个好的人生箴言差不多。但是要记住,那些老的宣言,比如"爱情"、"家庭"或者"友爱"等之类的不起作用。人生箴言必须要与自己的心灵发生共鸣,它应该很好地总结自己的特点,以至于一旦我们听到,就会感到信心十足、精神百倍。仔细看一下你刚才做的练习和问题,阅读一下自己提供的答案:你能从中找到一条符合自己的人生箴言吗?这里的箴言其实也就是你可以满足这项需要的真正原因。利用至少五种价值观,把它们放到你认为最合适的地方。不要认为我们可以轻而易举地找到适合自己的人生箴言。要知道成长的心态需要我们既要好学,同时对于新的事物还要感到好奇。发挥你的能力,注意一下什么时候自己热情很高,什么时候对此有兴趣。如果你觉得这过于复杂,就把它想象得简单一些好了。要相信,这本书中的任何练习,都会给你带来生活的激情。

真实地生活

生活在一个适合自己的环境中,从事的很多事情都能充分体现自己的价值,那么这会大大提高你对生活的总体满意度。如果你工作或生活在另外一种完全不同的环境中,与你关心和看重的东西格格不入,这种情况下如果感到不幸福,那是很自然的事情。生活环境与个人价值观保持一致是我们步入真实生活的开始。

心灵感悟

研究证明，如果个人价值观与所处环境强调的价值观一致，那么我们对生活的满意度以及幸福程度就会增加。

在神学院工作的人往往推崇"慈善"、"坚守"、"公心"等思想，而有些人却强调满足自己的"权利"和"自我表现"，前者比后者要幸福。但对于培训部经理来说，这些道理却恰恰相反。

如果你生活在一个处处感到违背自己价值观的环境中，你如何努力去改变它呢？你能把更多有意义的想法带进日常生活中去吗？例如，如果你发现自己喜欢接近自然，并且喜欢成为某个团队的一部分（或许忠诚和友好是你的长项），那么你真正的生活目的或许就是通过自己的努力让人们意识到大自然的美。你可以去保护那些不能保护自己的生灵，从而获得人们的赞许。花上全部的时间去做这件事不可行，因为你在城里的工作会因此受影响。你可以利用业余时间来从事这些户外活动，这样的话，人生目的也同样可以实现。通过这种方式，我们就可以给自己的生活带来乐趣和欢笑，同时还可以培养关心他人的意识。

积极心理学家的建议

- 如果你不能改变当前的环境，那么你可以给你所从事的事情赋予新的意义。
- 如果你主动给自己所做的事情增添一些新的意义，那么所有的事情都会因此变得有意义起来。
- 可以从微不足道的日常小事做起，包括生活的方方面面，你都可以做到有目的地生活。

> 思想碰撞

如何从生活中找到意义和努力方向：

- 发挥你的长处
- 学会问"为什么"——"为什么"做这些事情，这在你整个人生中都起着重要的作用
- 作为故事，以第三人称写下自己的人生经历
- 找出你相信的一件事情
- 留心自己的生活模式
- 把内疚、悲伤和痛苦作为使自己成熟的机会

终极目标

哲学家们经常谈论终极目标。拥有一个终极目标，就是不仅仅使我们能力和技能发展有一个明确的方向，而且让二者完全融入我们的个性与品质，从而使自己得到综合发展。拥有终极目标，很大程度上依赖于个人良好的品质以及较高的社会声誉，同时也与一个人的专业素质息息相关。拥有一个终极目标，就会为我们的职业发展和整个人生描绘出一幅蓝图。终极目标是性格与技能的综合体，所以专业技能和个人品质共同构成了一个完整的人。今天，我们谈论更多的是一个人的事业（可以作为一个人奋斗的终极目标），其实从字面意思上说，事业就是职业。

你想把什么作为自己的事业呢？

金钱与名誉

如果我们把金钱与名誉置于所有事情之上，那该怎么办呢？如果把金钱看成最重要的东西，思考一下这是为什么。金钱可以给你带来什么？你的追求是什么？是安全、激动、认可、和平还是物质享受？如果你追求的是这些

东西，那么这些东西对你来说其意义是什么？你为什么想拥有它们？如果你拥有了这些东西，它会给你带来什么？拥有了这些东西，你会成为一个什么样的人？这些问题的答案中包含你看重的那些东西。

金钱很重要，可是金钱本身却远远超出我们的欲望。挣钱多少对于我们来说无所谓，关键在于我们要把金钱花在最有价值的地方。

花钱的方式反映出：

- 我们的时间观
- 我们的思维方式
- 我们看重什么
- 我们最关心什么

对于那些真正有价值的东西了解越多，我们就会在那些仅能给我们带来一时快乐的方面投入越少。

如果你需要并且渴望金钱，那么得到很多钱以后可以给你带来什么？如果对这个问题有了答案，那么这个答案本身又可以带给你什么？再回答一次，这个答案本身可以给你带来什么？重复地回答这个问题，直到你发现，其实除了这些，你还需要其他更重要的东西。

再看一下你刚才的列表，看是否把金钱花在了最有价值的事情上。如何才能把金钱花在对你来说具有真正意义的地方呢？

心灵感悟

你把钱花在哪些方面，就说明你看重哪些方面。你挣钱多少不要紧，问题的关键在于，如果你不把金钱本身看得过重，那么它很快就会被花掉，而且花在确实值得的事情上。

拥有生活的目的与意义，知道什么对自己来说最重要，对此了解越多，你就会越在意经济上在这些方面投入的多少。生活对于很多人来说，其目的就是要使自己变得富有。许多人因此确实富了起来，他们利用自己的聪明才智，享受着丰富的物质生活。然而，在金钱所能带来的外部回报以外，他们发现不了其真正的意义，那么与那些从事自己喜欢的事情的人们相比，他们的幸福程度以及对生活的满意程度就不会太高。

> 心灵感悟

就像在本书开始我们讲到的那样，研究显示，如果我们的工资能够达到平均水平，自己能够养活自己，那么收入的增加对我们的幸福影响就会变得越来越小。拥有更多金钱的人，其幸福程度或许会稍微增加一点点。但实际上，当人们变得非常富有的时候，他们的幸福水平其实在降低。

物质享受的代价

多项研究发现，一个人越重视物质享受，他对生活的满意度就越低，生活也就越不幸福。与那些不太注重物质享受的人相比，他们更容易感到痛苦、消沉、焦虑、自恋，身心也更加脆弱。

心理学家蒂姆·卡塞尔强调，物质上的享乐主义带来的危害不仅仅体现在个人方面，而且也体现在与他人关系的处理上。过分注重物质享受的人没有同情心，为人处世也不会慷慨大方。他们喜欢把他人看成是可以帮助自己出人头地的商品，或者是能给予自己一种重要社会形象的工具。过于注重物质享受，会让我们对当前所处的情况更为敏感。前面我们已经知道，与他人进行比较对于我们的幸福和健康来说是有害的。

人们拥有的金钱越多，就会把更多注意力放在金钱上，那么就越不能很好地欣赏这个美好的世界。

> 积极心理学家的建议

从现在开始就关掉电视，也不要再买任何杂志。因为经常吸取那些广告信息会使我们的物质主义得以膨胀。

积极心理学清楚地告诉我们，幸福和健康与我们内心关注与喜欢的东西息息相关，而把钱花在没有意义的事情上，这对我们的健康是极为不利的。

金钱固然重要，因为它可以用来购买许多有价值也有意义的东西，而这些东西让我们的生活有了目的。如果连基本的生活物品都购买不起，我们很难去追求有意义的生活。从这个意义上说，金钱的确重要。因为毫无疑问，贫穷会给我们的幸福与健康带来害处。但是一旦我们能够养活自己，那么金钱就开始体现一个人的价值观了。

你如何看待金钱？

- 金钱可以让我购买想要的东西。
- 金钱可以让我做更多自己喜欢的事情。
- 金钱可以让我照顾和关爱自己喜欢的人。

本章要点回顾

跟前几章一样，积极心理学研究越来越多地发现，满足自己的需要，能够自由地从事自己喜欢的事情，这对我们的健康与幸福有着积极的影响。

这一章主要探讨了两个问题：日常关注的东西反映了我们的价值观；当我们真正有意义地去生活时，我们的人生才会变得精彩：

- 你思考了自己到底看重什么
- 你的价值观从何而来
- 你最关心什么
- 你探讨了自己的人生目的，了解了以真实的"自我"去生活时自己的样子
- 探讨了自己如何看待金钱，金钱对自己来说意味着什么等问题

通过考察价值观，本章在探讨一个人真正需求的问题上又深挖了一步。

通过更好地了解自身，我们将会使自己生活的各个方面都更有意义，在今后努力的道路上也更具方向性。

下一章主要讨论通过哪些方式我们可以使自己在生活中更加自律，从而过上富有意义的生活。

第八章 08

聪明起来：增进自己的精神健康

圣人不积，既以为人，己愈有。

老子 公元前600年，中国哲学家，道教创始人对于生活，具有精神追求和拥有智慧是两个不同的概念，但其共同之处在于，二者都需要把对自己的认识与对他人的了解有机结合起来。此外还需要一种超出自我的、集思想性与价值观于一体的世界观。拥有精神上的追求，通常是那些身体健康、生活充实而幸福的人们的共同特征。积极心理学，主要研究哪些因素可以让我们过上积极且有意义的生活，所以与传统的哲学研究相比，它关注人的各个方面，其内容更加全面。心理学家的研究多次证明，人们幸福生活的核心部分，存在着"好好生活"这样一个复杂的主体意识。比如他们发现，道德、伦理以及良好的个人品质都与健康紧密地联系在一起，表现为一个人对他人的感激或同情。积极心理学在研究什么是幸福生活时，还发现智慧也是其中的一部分。积极心理学的研究成果告诉我们，那些最幸福、最有成就感的人们似乎具有共同的人格特质，而这些特质通常被人们认为是智者与圣人才会有的。

心理学家大卫·沃森告诉我们，积极心理学方面的研究多次证实，能够给人们带来幸福的众多因素中，积极的社会生活是主要因素。处于第二位的是，"拥有精神追求或者宗教信仰的人，他们要比其他人的幸福指数高"。本章我们将看看那些拥有精神追求、信仰宗教，或者人们眼中的智者，他们日常生活中都做些什么。此外还探讨为什么他们做的这些事情对我们的身心健康如此重要。

智慧

智慧的人通常被认为继承了人类最显著的优点，因此智慧一直以来都是人们进行健康研究的中心内容。在心理学上，人们在理解智慧时，往往把它当作是一种智力、专业技能以及优良品质的综合体。越来越多的积极心理学方面的研究成果显示，一个人的个人品质，也就是"我们是什么"，是让人们过上健康幸福生活的重要因素之一。个人品质也是智慧区别于智力和聪明的主要因素。

智慧不是智力，但智力是拥有智慧的重要条件

智慧包括一个人在特定条件下运用知识的能力。在充分考虑他人的同时，能够结合现在与将来，将自己的长期目标与短期兴趣结合起来，使二者之间达到平衡。总的来说，智慧既有先天的成分，同时也是后天培养的结果。在处理事情时，它不是一个人根据已有常识循规蹈矩，而是对各种复杂因素进行综合与平衡的能力。

心理学家罗伯特·斯腾伯格认为要想做一个有智慧的人，需要我们：

- 了解自己的价值观。
- 对各种利益冲突的有效管理，包括自我管理。
- 特定情况下对事物细微变化具有一定洞察力，并能够利用这种洞察力制定出有效的应对策略。

心理语言学列出了智慧者的以下几种品质：

- 在复杂情况下，不管是对于确定的事情，还是不确定的事情，都能够泰然应对。
- 在寻求达到最佳目标时，能够把过程看得比结果重要。
- 当利用自己的知识与技能为他人服务时，能够坚持自己的原则，最终达到自己的目的。

▶ 经典实例

巴里·施瓦兹举了一个非常好的例子，这个例子让我们认识到，在日常工作中，我们通常都不会去主动寻找和利用自己的智慧，然而一旦找到，情况就会大不相同。他举了医院门卫的职责规定这样一个例子。门卫的职责规定

长达好几页，然而却没有提到任何社会或个人技能。当一个有经验的门卫谈到自己工作的时候，很明显，为了更好地为他人提供服务，作为一名好的门卫，往往在原有工作职责的基础上加以发挥。比如，不要干扰病人家属的心情，一遍一遍地拖地，而且没有任何怨言。因为这样可以有效缓解病人的紧张情绪，使其安静下来。他们非常关心病人及他人的需要。如果是一个有智慧的门卫，那么他通常能够把人类技能与工作经验完美地结合在一起，能够准确地判断什么时候对规定的遵守可以更加灵活，从而根据实际需要进行一定的调整。这样的门卫对病人快速康复有着积极的影响，他们在工作中也享受到了极大的快乐。但是这些技能却不是门卫的工作职责所要求的。

智慧型的人与高情商的人在拥有的很多技能方面颇为相似，但在有些方面，前者比后者表现得更为明显。比如智慧型的人利用自己的经验、技术及综合知识，除了服务于自己以外，还服务于他人。

基于对不同文化与历史情况的分析，智慧主要包括在至关人生意义的事情上，能够恰当处理各种困难；能够促进个人发展与社会进步；了解单纯掌握知识的缺陷，能够把知识与个人特点结合起来。这些目标很庞大，你可能会认为，要想实现它，对于我们来说非常不易。但是在心理学家保罗·巴尔特看来，实现这些目标其实很容易，只要努力，很多人都可以实现。

积极心理学家给出的定义

智慧包括：
- 思想的高度
- 对他人有着浓厚的兴趣
- 对遇到的问题有着深刻的理解——尊重他人需求，能够融合他人不同价值观
- 正义感
- 能够接受他人的意见及看法
- 具有长期学习他人长处的意识
- 善于反思，做事低调，内心平静

- 具有远见卓识
- 准确理解他人意思
- 允许自己和他人犯错
- 相信有些知识是错误的，允许怀疑，乐于接受自己未知的东西
- 解决问题的能力
- 遇事冷静，心态平衡
- 谦虚

智慧不包括：
- 知道各种问题的答案及解决办法
- 不犯错误
- 一成不变
- 机灵
- 现实情况
- 建议

年龄是影响智慧的因素吗？

伴随着年龄的增长和经验的积累，智慧也会随之增长。但是年龄与经历的增长与智慧之间并没有必然的联系。这些研究包括多个方面。技能与经验是智慧的象征，所以年龄成为增长智慧的因素可以理解，因为随着时间的推移，人们会获取更多的技能与经验。但是，研究发现事实并不总是这样。研究显示，一个人的品质对智慧的形成起着非常重要的作用。而品质并不是老年人唯一的显著特点。随着生活阅历的增加，我们得到越来越多的扩展知识的机会。那些能够从不幸中走出来而且对生活有着深刻见解的人更倾向于成为智慧型的人。获得一般人都有的普通智慧要比获得颇具个人特点的智慧相对容易一些，因为与增长自身见识，从而使自己感情上逐步成熟比起来，对他人行为进行评价，这对我们自身品质没有太多要求。智慧能够促进我们内心的成熟，它的增长更多依赖于个人发展与自我完善。多数心理学家认为，一个人如果具有良好的个人品质，那么其智慧就会随着年龄的增长而增加。智慧的增长需要我们特别注意自我发现，了解自己的价值观，并且学会控制

自己的情感，同时增加自己的积极反应。

如何培养智慧：

- 培养自己的情商
- 增强自己解决问题的能力
- 提高应付困难的能力，增强自身的适应性
- 提高自我意识，学会自我接受
- 放慢生活节奏，让自己变得更加现实
- 多用心观察，多理解别人
- 善于学习，提高自己
- 给人一种慷慨大方、乐善好施的形象
- 学会感激
- 了解自己的价值观及信仰，尊重他人的做人理念及价值观

技能与经验

智慧需要人们掌握一些技能，也需要一定的智力。在生活中，我们需要拥有一些像知识和技能这样的工具来帮助我们。然而，知识与技能本身并不重要，掌握之后如何利用它们才是最重要的。科学利用知识与技能是产生智慧的源泉。没有知识或技能，我们也会获得一些成功，但这些成功决不是智慧，而是我们碰上了好运气。例如，就像亚里士多德说的那样，真正的勇敢是对存在的危险进行正确估计之后做出的行动。如果不考虑危险的存在，那么这种行动只能是有勇无谋的鲁莽行为。一个有经验的渔民确切地知道哪里可以捕到鱼，而且在恶劣天气到来之前安全到家。一个有智慧的渔民不但知道这些，而且还清楚地知道捕鱼时雇用哪些船员，知道如何合理地发挥每个船员的长处，以至于最大限度地利用自己的渔船，甚至整个海洋。同时他还会教育船员学会与他人相处，捕鱼时做到井然有序。渔民的经验与技能对于他做出的决定来说非常关键，而这些经验与技能正是他数次失败、反思和学习之后得来的。

- 你最擅长的技能是什么？

- 你对什么了解最清楚？

更为重要的是，就像你拥有的天赋与知识一样，你拥有足够的勇气与自信吗？如果你的回答是否定的，那么原因是什么？认真检查一下自己，一定记住：每件事情之间都有联系，要做好手头上的每一件事情。不要害怕反思，在学习技能与经验的同时，要学会了解自己。

找一个老师

研究显示智慧需要从内部和外部两个方面来培养。找一个尊敬的人作为我们的老师，他们可以帮助评价和调整我们自己的行为。遇到事情时，从他们对事情的态度以及处理事情的能力上我们也可以学到很多东西。教育的作用就是让青少年学会更好地思考问题，而不仅仅是增加他们的阅历。这是培养他们智慧的开始。许多杰出的领导人以及成功的人士在谈到自己成功的原因时，往往会提到老师或榜样在他们成长中的重要作用。生命中有一位智慧型的人做向导是发挥一个人的聪明才智，培养其长处与智慧的必要因素。这样的人对我们来说终生需要。当你把事情说给他们，或者把自己的想法说给可以信任的人时，你会更好地倾听自己的声音。在专业技能上，这就是一个人如何在专家的指导下培养自己的技能与能力。这与平常的生活并没有什么不同。

- 遇到问题时，你喜欢请求别人帮助还是喜欢独自一人解决？
- 你最后一次请求别人帮你解决问题是什么时候？
- 在生活中，你以前或现在的老师是谁？
- 你的父母都教了你什么？你作为父母，感觉自己是一个拥有智慧的人吗？
- 你有心中的偶像吗？如果有机会找到这样一个人的话。
- 关于你的人生，他们会给你什么建议？
- 他们身上有很多你所羡慕与崇拜的品质，什么时候你会表现出与他们一样的品质？

从错误中学习

对于智慧型的人来说，他们不惧怕失败，也不惧怕未知的东西，他们勇于改变自己的想法。拥有智慧的人总是非常积极地发现自己未知的领域。保持积极开放的心态对于智慧型的人来说非常必要。你能把错误当成学习的机会吗？还是仅仅把它作为一次错误？最后一次改变自己的想法是什么时候？

成长与发展并不是我们从错误中学到的全部内容；错误对我们来说，它还是让我们发现如何更好地把事情做好的一个绝佳途径。我的一个朋友是个儿童健康访视员，她的专业知识很好。直到自己有了四个孩子，她把学到的所有专业知识都用在了这四个孩子身上。她现在是一个拥有更多智慧的儿童健康访视员。随着经验的增多，她改变了以前的很多看法，直到现在有些还在改变。她还在学习未知的东西，与年轻时候的聪明相比，现在则拥有更多智慧。

- 回想一下自己犯过的一个很大的错误，但直到现在你还一直感激这次错误。

培养自己的好奇心

拥有智慧需要我们具有好奇心。通过接触不同的思想和观点，培养自己的发展意识。如果没有好奇心，就不可能学到任何东西。智慧型的人不会害怕别人说自己傻。

小练习

- 今天可以试一下多花点时间问些问题，不要总是寻找答案。
- 别人告诉你的事情，如果你不理解，要认真听，保持好奇心。把手表换一只胳膊戴上，以此提醒自己今天要保持好奇心。

好奇心可以：

- 给予我们更多的机会
- 帮助我们理解他人
- 带给我们判断事情的洞察力以及解决问题的新视角
- 增长知识，包括我们知道的，也包括我们不知道的

谦逊与自我接纳

谦逊是评价一个人品质的综合性指标，它包括智者身上的许多特征，特别是自我接纳与对他人兴趣两个方面。谦逊不是伪装出来的虚心。根据心理学家琼·普莱斯·坦尼所说，谦逊是一个人对自己长处及不足的准确把握，所以谦逊的人清楚地了解自己知道什么以及不知道什么。他还懂得把对自己的认识应用于更多的方面，比如对新的思想保持开放的心态，理解他人不同的需求以及与自己的差异。谦逊可以让一个人超出自我，在不忽略自己的同时，把注意力转移到满足他人的需求上。谦逊与自恋是完全对立的。

当聪明的领导显示自己的谦逊时，他们往往在关注他人个人才能以及潜在能力的同时，能够很好地把握自己扮演的角色。

自我接纳在积极心理学中是一个永恒的主题。了解自我，能够以积极的心态接纳自己的全部，可以让我们超越自己。

倾听

如果你不注意倾听他人的观点或建议，你就不会成为有智慧的人。在多大程度上你能真正地倾听他人的意见？我们都会认为自己在听，因为我们时时刻刻都在注意别人的一举一动。作为一位心理咨询师，很好地倾听对于我的职业来说是最重要的一项技能。直到现在，我还在学习倾听的艺术。

生活中通常会有这样一种情况，我们开车去某个地方，沿途都非常熟悉。到了目的地之后会发现对刚走过的路一点儿也没有注意。你有过这样的经历吗？其实在人的一生中，很多情况我们都是处于这种半清醒模式，对于我们很难再次相遇的人，我们可以跟他们好好聊聊。集中注意力听别人讲，你会惊奇地发现，原来你会听到如此多的东西。

培养自己的想象能力

充分发挥自己的聪明才智，调动自己的全部感情，站在他人的角度尽力去想象别人的需要，是一个智者所具有的必要品质。心理学家尤特·昆兹曼和保罗·巴尔特告诉我们，"心理咨询师如果不能想象一个需求帮助的人心里是怎么想的，那么他就不可能成为一个智慧型的咨询师"。对于一个智慧型的人来说，具有丰富的想象能力，能够理解不同的文化及复杂情境是一个基本的要求。

发挥想象力，保持自己的好奇心，从而拓展自己的认识能力。试着想象一下，如果变成其他人将会是什么样子。智慧包括能够充分考虑和尊重他人的思想、观点以及价值观。

- 从宗教的角度或另外一种政治体制的角度来看，这个世界会是什么样子呢？
- 找一个崇拜的偶像，想象一下他/她会是什么样子？
- 如果一天只花一元钱会是什么样？
- 如果把你真正相信的东西说出来，会怎么样？你会跟谁说？
- 如果你知道了自己仅能再活一年时间，你会怎么样？
- 如果钱对你来说不成问题，那么你会做什么？

把想象力作为工具，尝试一下那个不属于自己的世界。

留给自己反思与自我评价的时间

几年前我就发现，许多辩护律师都雇有心理咨询师。这不是因为他们需要心理咨询，而是因为这样可以让他们每周抽出一小时来进行自我反思。今天的很多高级领导人都聘有心理调节师，也是出于同样的考虑。抽出时间对自己的生活进行评价与反思，不管从哪个方面来讲，都非常重要。关于生活中的健康与幸福，每周接受一个半小时的集体指导，这到底起不起作用呢？针对这个问题，近来我做了一项研究。研究结果发现，如果让他们进行有组织地反思，与只是聚到一起随便聊聊自己的生活相比，经过反思的人感觉更加良好，而且更幸福。每天只是不停地往前冲，会让我们没有时间停下来对自己的选择进行思考和评价。更为重要的是，如果停下来进行反思，我们就会从选择中学到很多东西，也希望从中学到更多东西。智慧型的人都有一套自我反思的方法。

他人意识

你迷失在自己的世界中了吗？很多时候，特别是忙碌或者心烦的时候，我们很容易沉浸在自己的世界里。当遇到困难时，走出去寻求他人帮助是一个不错的策略。但是替别人着想也会增加我们生活的经验与知识，同时还可以更好地了解自己。与智慧有关的另外一个显著特点之一就是替别人着想。

> **小练习**
> - 试着注意一下与你交谈的人的心情。还有他们的穿着、声音以及外表等。
> - 然后，试着不去思考和分析，只是与某人待在一起。与他在一起时，对他不加任何评价，只是感受一下与他待在一起的这段时间。
> - 在这两种与人相处的方式中，它们的不同之处是什么？在做这个练习时，如果你注意到自己的一些问题，这些问题又是什么？

培养自己的灵性

作为心理学和科学用语，拥有灵性是我们人类所生存的一个重要方面，而不是传说中与鬼魂相联系的经历。有灵性的人相信自己生命之外存在着一种比自己生命更强大的力量，而自己是这种更为强大力量的一部分。他们对自己赖以生存的这个世界有一种敬畏感，在对这个世界进行理解的过程中，去发现超越人类自身存在的一种意义。具有灵性或者信仰某种宗教的人往往是最幸福、最健康的。对于自己的做法和信念是否属于符合某种教义，他们并不在意。他们也不相信上帝的存在，更不信仰其他的神灵。影响健康的主要因素在于从日常小事儿中发现那些令人敬畏的东西，把它与他人积极地联系起来，从而学会欣赏与感激。具有灵性并不是让我们信仰宗教。首先我们来看一下信仰宗教带给我们的好处，然后再来讨论培养灵性的问题。

信仰宗教的好处

信仰宗教的人通常从精神方面来解释这个世界，认为它是基于某些规则的、一个连续的意识形态的一部分。在他们的内心世界中，有一个上帝或者其他的神灵存在。热衷于宗教信仰的人，对于自己的生活，他们会设计成一个有意义的故事，同时给自己设定一些行为规范。他们属于某个社会团体，在这个团体中，所有成员对于生活的意义有着相同的理解，对于自己在生活中所扮演的角色有着统一的认识。很多时候，他们同甘共苦，甚至生死与共。对宗教的虔敬可以满足人类的很多需求。宗教不但可以给予我们生活的意义，而且信教的人知道，他们每一个人对于上帝来说都很重要，所以生活中他们就会满怀希望。所有这些都是我们保持健康与幸福的重要方面。

心灵感悟

积极信仰某种宗教的人通常：

- 很少犯罪
- 很少酗酒和吸毒
- 很少离婚
- 很少自杀
- 会更长寿
- 在丧失亲人、离婚、失业或重病之后，更容易恢复与重新获得幸福
- 会经常说自己"很幸福"

研究发现，在能够给我们健康与幸福带来积极影响的所有因素中，信仰宗教是最为有效的因素之一。美国的很多研究结果显示，信仰宗教其实就是从教会那里寻求情感寄托与社会支持。生活中有人指导并给自己一些规则，这样可以减少精神上的选择，而选择少了人们就会感到幸福。对信仰宗教的人进行研究后，还让我们了解到有些人在思维上不太正常的现象，那就是他们能够设定自己的幸福。在道德价值观方面，信教的人通常更加保守，而不是开放。作为保守主义者，他们通常坚持一成不变，不会拥有成长的心态。研究认为，自主与开放的心态是促进人们健康与幸福的重要积极因素，那么这与我们的以上研究结果是否相矛盾呢？世界上的万事万物，任何事情都很复杂。在研究促进我们健康、幸福生活的共同因素方面，如果一个人研究得越深，那么道德、性格以及社会责任方面的问题就会越发凸显出来。

就像在军队里一样，可供人们选择的机会很少，大家相互支持。彼此都

有明确的目的,都有很强的自律性与奉献精神。对于军人来说,这是一种优势,这对人们的幸福生活起着重要的促进作用。而对于信仰宗教的人来说,除了以上优势之外,他们还经常进行反思,接受感激他人以及慷慨为人的哲学思想。所以尽管也有一些反常现象,但总的来说,信仰宗教的人生活会更幸福,这是很自然的事情。

事实上,跟我们的个人价值观一样,不同的人对宗教的理解也不一样。卡尔文新教与圣芳济修会对《圣经》的解释存在很大差别。多数信仰穆斯林教的人对《古兰经》的解释与塔利班分子也不一样。同样,近来出现的对于一些本土化萨满教的解释与真正的正宗美国萨满教也存在诸多不同。但是唯一相同的是,当你信仰某些教义或教条并照此付诸行动时,你会因此得到精神上的支持和帮助。当然,信仰任何宗教都需要对自己有些基本的了解,而且需要自律。不管信仰哪一种宗教,都需要人们进行自我控制,同时接受精神权威,但是几乎所有的宗教都可以从两个方面进行解释:一是基本的教义阐释,二是神秘化的迷信教育。我们生活在一个新的时代,所以我们可以从不同宗教中吸取有用的东西,而且能够根据自己的情况,给出我们自己的解释。积极心理学为我们展示了信仰宗教的重要性。中国的班禅额尔德尼与南非的德斯蒙德·图图,尽管遭受了很多磨难,但二人始终面带微笑。他们二人就是活生生的例子,充分体现了宗教信仰带给他们的积极作用。

精神健康

精神健康在于拥有一个乐观积极的心态,而实践则来自于一种积极的行为方式。有灵性并不意味着你知道有关人生以及宇宙问题的所有答案。人们越有灵性,看待问题时越有洞察力,那么与他人相处时就会表现出越多的谦逊与尊敬,同时也会表现得越有责任感。积极心理学家肯尼斯·帕格门特认为,灵性就是"寻找神圣的东西"。它是一个不断发展的过程。

所有的知识好似都有一种先入为主的危险。想想我们的学术、政府官员、母亲的权威、失去贞洁的青少年等,当然各种宗教也不例外。我曾经遇到过一些人,他们把信仰的宗教视为自己的保护伞,从而把自己与那些没有得到教化的普通人完全分开。一次有人问玛利琳·威廉姆森,为什么她可以容忍原教旨基督徒的存在。她反问那个人,到底原教旨基督教有什么问题。最后得到的答案是"他们是主观的"。积极心理学家发现，对我们的健康与幸福有着积极促进作用的宗教，不是要我们学习那些神秘的东西，而是要我们通过学习教义，然后实实在在地去实践。

信仰宗教的人通常：

- 具有洞察力
- 富有同情心
- 有自己的看法
- 乐观
- 容易接受他人的观点
- 心存感激
- 虚心，并且能够注意到事情的复杂性
- 慈爱
- 原谅他人
- 把自己当作某一未知力量的一部分
- 富有同情心，关注他人需要
- 有着很强的自律性

积极心理学家的建议

只有那些你认为很神圣的目标，你才更有可能实现。对你来说神圣的事情，其实也最有意义。

有益健康的心理状态

在所有的心理状态中，关注现在的自己是最重要的。本书中我们反复讨论了"关注当前"这个话题。在第三章，我们谈到了品味的艺术，这是对当前保持乐观的一种有效方式。关注当前会让我们看到许多机会，并且注意到每时每刻都会出现的成功的可能性。关注当前既要求我们对当前所发生的事情保持一种乐观的心态，同时也要求我们实事求是地客观处理当前的事情。

有些时候，事情并不像我们预料的那样，但是如果你对当前充分关注，并且对各种变化做好了心理准备，那么你就有可能坦然接受这种变化。有些时候或许会遇到意想不到的收获。

时刻关注当前对我们来说非常重要，这是因为它可以让我们：

- 节奏慢下来
- 头脑更清醒
- 留意感情变化
- 控制情绪
- 感激当前拥有的东西
- 充满好奇与敬畏
- 具有同情心
- 会从别人那里看到和听到更多

小练习

从今天开始，抛弃身上的包袱，不要计较努力之后会是什么结果。你也可以关注结果，根据情况随时调整策略。但有一点，要仔细观察自己的行为和做出的选择。努力的过程中投入一定精力，注意一下他人的需要及价值观，想办法把他人的需求与自己的行为以及做事原则、生活目的有效结合起来。

锻炼自我意识

你可以通过观察自己的思想或者注意自己的身体来锻炼我们的自我意识。

积极心理学家的建议

有意识地注意自己的身体，坐下来，闭上眼睛，慢慢举起双臂。把你所有的注意力都集中在胳膊以及用到的肌肉上。或者观察自己行走。看一下自己的步履是多么轻盈而流畅，认真观察迈出每一条腿的动作。或者你也可以观察自己的呼吸情况。

所有这些练习都可以在一天内同时做。做这些练习可以提高你对自己以及周围事物的敏感性。

试着感激

前面我们已经了解到，学会感激是让人们过上充实、幸福生活的重要因素之一。在各种宗教教义中，感激都是其最为核心的成分。人们感到幸福的原因是多方面的，而在众多因素中，感激起到了主要作用。

信仰宗教的人在日常生活中会经常感激，既感激他人，也感激生活。

你可以把自己的感激与朋友、家人以及同事去分享。抽出时间与别人分享一下你喜欢或者感兴趣的东西。一定要把握好交流的方式，最好是同自己关系较为密切的人来分享。我就收到过一个朋友发来的对我鼓励的卡片。她说希望全力支持我，就像我过去支持她一样。我因为收到她的感谢而倍感欣慰，这对我是一种巨大的支持，我也很感激因此有了一个支持我的朋友。从别人身上，试着找出自己喜欢的优点，告诉他们你为何表示感激。此外，别人请你吃饭或者送你一个礼物，在这之后给他们寄一张贺卡，或发一封电子邮件，来表达一下自己的谢意。这不但是一个礼貌的习惯，而且也是一个非常有意义的做法。你一定要坚持做下去。

那么，如何使感激的影响变得更大呢？当发现了自己因为什么而感激的时候，我们就会变得更加用心；当我们对周围事物更加用心的时候，我们就会发现更多；当发现更多的时候，我们就会对生活中的美好事物更加关注。由此下去，我们就会对生活中的很多事情充满感激。

> 优雅是一种我们还没有获得的认识，就我们目前所得来看，我们也不配拥有。
>
> 格雷格·克雷奇

学会发现身边的神奇

感激能够激发敬畏。敬畏就是对伟大的事物或者超出自身能力之外的力量表现出来的虔敬与仰慕。敬畏与我们在高潮时刻经历的那种感情相似。它是一种类似于看到神奇的事物之后自然流露出的情感反应。它既可以是纯意识上的，也可以是强烈的身体愉悦。在心理学家巴尔克利看来，神奇的东西可以带给人们两种效果：1）因为一种全新的、超出想象的巨大力量，使自我得到一种心灵上的震颤（或远离了自我）；2）接受到新的知识或者有了新的认识之后，让自我得以重塑（重新确定了生活的中心）。

不管是惊奇，还是敬畏，这都是一种强烈的感情，都具备让我们敞开心扉的能力。

- 你最后一次感到惊奇或者敬畏是在什么时候？
- 敞开心扉。是什么阻止你不能敞开心扉？
- 敞开心扉，学会欣赏他人的美。
- 敞开心扉，学会享受生活。

学会原谅

原谅是我们每天甚至是每时每刻都要进行的心理活动。有些时候，对于我们来说很难去原谅或者忘记，但是我们可以不去纠缠别人带给我们的痛苦。别人多大程度上可以影响我们的幸福，这是由我们自己决定的。原谅是一个复杂的心理过程，本书除了提醒你每天都坚持去做，同时教给你一些方法之外，其他的并不能帮助你去做更多。本书其他章节教给大家很多方法，你可以看看哪些对你有用。在日常生活中，应用的越多，你就越有可能找到开启情感之门的钥匙，从而让你放下心灵的包袱，真正学会原谅他人。

心灵感悟

研究显示，如果妻子擅自终止妊娠从而失去孩子，对此能够原谅的丈夫患精神抑郁症的概率较小。如果有一个辱骂和虐待自己的父亲，那些能够原谅父亲的女儿与不能够原谅父亲的女儿相比，其焦虑程度要低。

进行研究之后发现，能够原谅他人的人一般会：

- 很少抑郁
- 很少生气

- 很少感到不幸福

研究显示,那些被原谅或者是想象中被原谅的人会较少生气、内疚,很少感到心情沮丧。他们对生活充满更多希望,也更容易感激他人。

从原谅自己开始。你需要原谅自己吗?你需要原谅自己什么?在你的生活中,是否有些事情如果你处理好了,会让你有一种如释重负的感觉?

积极心理学家的建议

如果你曾做错了什么事情需要自己赎罪,那么现在就去做,告诉他人这是你自己主动去做的。如果你需要赎罪的事情是一个不可告人的秘密,不要紧,有一个网站www.postcecret.com,你可以把秘密写在卡片上以匿名的方式寄过去。

原谅是一个很大的事情。因为别人一次迟到去原谅他,与原谅一个醉酒的司机撞死了自己的孩子,需要投入的感情是根本不同的。2002年7月伦敦爆炸案后,一位失去孩子的母亲选择辞去了牧师的工作。她说,原谅他人是一个信仰基督教的人所信仰的最基本教义。如果自己不能原谅的话,那么就不能再去宣讲教义,让别人学会原谅。人们能够而且确实有人在面对此类事情时做到了原谅。玛丽·威尔逊被爱尔兰共和军炸死,其父亲就原谅了敌人。他的余生全部奉献给了北爱尔兰的和平事业。能够原谅的事情越大,所做的努力越多,给人们带来的幸福就越多。与原谅那些和自己毫无关系的人相比,原谅自己的配偶对自己的幸福有着深远的影响。不管是对他人还是自己,学会原谅是一个过程,时间越长,你得到的回报就越多。如果你觉得自己犯了很大的错误,从某些方面来讲不能原谅,那么你就试着去原谅那些可以原谅的方面;然后再试着去原谅那些不可原谅的部分。就从今天开始,哪怕是原谅自己一小时。此外,尽可能不要让这些事情影响自己的心情,这也是另外一种办法。本书以及积极心理学只能告诉你,原谅是一个人送给自己的礼物,你的幸福就掌握在自己手中。如果按照我们的建议去认真做了,那么等待你的将会是连你自己都不敢相信的收获。

学会自我接纳

学会自我接纳的一个有效方式就是欣赏自己。如果你欣赏自己的某些方面，那么这些方面是什么？如果你能够接受自己的缺点，那么这些缺点又是什么？这本书刚开始就讲到了自我接纳。我们真心希望你能对自己满意，为自己感到幸福。如果有必要，可以重新温习一下第一章和第二章的内容。

小练习

注意一下什么时候你对自己很生气，什么时候你想对他人发火。有了这种情绪，就表明我们身上有些方面自己没有注意到。把自己的某些方面隐藏起来，特别是自己认为不好的或者不被社会接受的东西，掩盖自己看来属于错误的事情，这种做法只能加重自己的消极情绪。而且这些做法都是不符合实际的。仔细检查一下生气的背后原因是什么，第六章我们已经讨论过，要把真正的原因找出来。如果改变自己的某些做法，改变对待事情的态度或者学会原谅他人，如果这些能够解决问题的话，要马上行动起来，把问题解决掉。

- 你是以一种健康的方式看待荣誉的吗？
- 利用自己的长处，学会自我接纳。
- 如果你做了自己感觉很坏的一件事，你会：

① 感觉自己是一个坏人？还是 ② 感觉自己做了一件坏事？

对于这个问题，如果你的答案是①，那么你就不大可能改变自己的行为，或者把做错的事情纠正过来。实际上，你完全可以回避这个问题，或者为自己辩解，而不是直接面对自己所做的坏事。如果你的答案是②，你很有可能会对自己的行为表示歉意，而且也能发现到底是什么导致了自己这么做。请记住，要把所有发生的事情都看成是个别的、暂时性的行为，而不是自己的通常性行为，这一点很重要。如果你给出的答案更倾向于①，那么就花点儿时间检查一下自己的行为，总结并提高自己。因此今后就不会这么做了。学会原谅，才能有效提高自己。如果你仅仅看到此事的坏处，那么就不能检点自己的所作所为，也不可能去想自己做了什么、为什么会这样做等问题，这个时候自我接纳就起作用了。你可以通过自我接纳，让自己对这些行为产生好奇心，从而去了解它的本质，然后再去提高。如果你不认为自己会改变，那么你就很难学会自我接纳。相信自己会改变，相信自己才是这些行为的主人，这是学会自我接纳最基本的要求。

学会自我调节

从一定程度上说，任何思想活动都需要我们对自己进行调节。一天中留下一些时间沉思，或者根据自己的价值观以及他人需求来调整自己的行为。调节自己情感与行为的同时，一定要调节自己的思想。在任何一种宗教活动中，这都是非常关键的。

一定程度上的自我调节不仅仅对自己的精神健康有好处。在心理学家洛伊·保迈斯特所做的一项研究中，他要求人们做一些自我调节的练习，比如让自己坐的更直、观察自己吃了什么、保持经济上的优越性，或者坚持规律性的锻炼等。在完成某一特定任务时，参加过自我调节训练的人要比那些没有参加过此类训练的人做得更好。参加自我调节训练时，人们越努力，在完成某项任务时就做得越好。

自我调节在提高一个人的心智能力方面有着明显的作用，它同时还可以帮助我们调节生活的其他方面。生活中，你在某一方面调节自己行为越多，那么生活的其他方面就会变得越好。

学会同情

同情是一种很普遍的精神活动。同情要求我们在与他人交往时与人为善，除了给他人带来好处之外，没有其他任何念想。中国一位哲人把同情描述为"希望他人摆脱痛苦的一种精神态度，与对他人的尊敬、责任以及承担的义务有着密切的关系"。同情不仅仅是理解他人，它会在我们心中激发一种力量，从而让我们采取行动。理解他人以及设身处地为他人着想都是重要的因素，但是具有同情心的人随时随地都会考虑到他人的困难。真正地拥有同情心，意味着一个人能够随时想象他人的困难，从而马上采取行动。当你真正关注他人的时候，你就开始具有同情心了。

- 别人什么样的痛苦会让你动情?
- 什么事情会让你觉得必须伸出援助之手并给予支持?
- 你对谁觉得最同情?
- 多大程度上你感觉需要同情自己?

积极心理学家的建议

不要怜悯他人或者自己,怜悯是毒药。然而,同情却是很好的精神食粮。

学会用心观察

本章一开始,我们讨论过用心观察这一话题。它是提高自我意识与他人意识的一种方式。在第三章,我们了解了"品尝"带给我们的好处。用心观察不仅可以培养我们良好的心态,而且还可以增强我们各个方面的健康。

用心观察对以下几个方面有积极的影响:

- 记忆力
- 减轻压力
- 提高自信心
- 健康
- 创造力

用心观察

用心观察与粗心起到的效果完全相反。生活中如果做到用心观察,我们就会对身边的事情有着清醒的认识,对周围这个多元世界以及很多可能出现的不同情况都会进行认真仔细地观察。用心观察不是通过逻辑推理来分析这个世界,而是通过开放的心态以及清醒的认识,让我们每时每刻都真正地、有意识地感受到新鲜的事物。有趣的是,用心观察包括很多因素,这其中多数因素对我们的健康与幸福来说都极为重要,我们已经认识到了这一点。生活中只有多观察，我们才能学会真正用心去观察。

积极心理学家给出的定义

用心观察就是：

- 遇事不要过于主观，要学会站在一旁观察。全身心投入，接受事物本来的样子。
- 注重过程而不是结果，不要为了目标的实现去做不切实际的努力。
- 对待事情要虔诚、有耐心，相信属于自己的早晚会来。
- 相信自己、自己的能力以及自己的生活。
- 从新的视角观察事物，拥有一个开放的心态，能够发现新奇的事物以及那些不确定的因素。
- 对于自己周围的事情考虑要周到。
- 对于一些棘手的事情能够放手，留意自己的想法、感情以及当时的环境，事情过了就不再去想这些问题。
- 能够改变自己，可以适应新的环境。
- 友好、博爱、乐于原谅、富有同情心。
- 理解和关注他人的需要，同时从其他方面考虑问题。
- 对于现在拥有的一切，充满感激、欣赏以及虔敬。
- 做事慷慨大方，不考虑互惠互利。

粗心就是：

- 复杂的心态
- 接受时从来不会质疑
- 对于一些事情习以为常
- 对于很多事情表现出健忘，总是单方面考虑问题
- 不善于观察
- 对很多事情过于自信、盲目

- 固执
- 几乎不关注自己或他人
- 注重结果

经典实例

用心观察可以减少遗憾。

心理学家兰格、玛克托尼斯和格卢布测试了用心观察对遗憾的影响作用。他们告诉被试者，每个人将有一次赌博的机会，大家有可能赢得一百美元，并且对他们自己来说没有任何风险。在等待的过程中，被告知"要时刻注意自己内心的感受和想法"的这部分人，在得知自己失去了这次机会时，他们感到遗憾最少。他们同时还被告知，没有失去机会的人确实挣了一百美元，但他们仍旧没有表现出更多遗憾。而另一部分人在等待过程中什么也不做，也许让他们观看杰瑞·宋飞，或者关于美国内战的电影。

沉思

我以前只知道沉思是一件好事。可是，自从学习了有关健康和幸福的知识以后，现在感觉沉思对于我们健康与幸福的重要程度就像饮水与运动一样。沉思是人们进行一切精神活动的基石。任何能够使我们内心得以安静下来的活动，对我们的健康和幸福都有好处。如果你能把沉思作为一种习惯坚持下来，那么你的整个一生都会受益。

研究发现沉思可以减轻：

- 慢性疼痛
- 焦虑和惊慌失措
- 各种皮肤病带来的痛苦
- 沮丧
- 压力

研究发现沉思有助于提高：

- 自我实现、个人成长以及自我尊重
- 智力与记忆力
- 创造力
- 幸福感
- 为他人着想
- 自主性与自我控制能力
- 缩短大脑反应时间
- 注意力

　　沉思与头脑警觉的好多方面都是相关的，与体育锻炼一样，它对健康起着积极的刺激作用。沉思对于我们的健康、大脑、能力以及幸福都有好处。当你沉思的时候，你会感觉棒极了！为什么不从现在就开始呢？

　　沉思要从用心注意和观察周围事物开始。这一章教给你的所有关注现在的方法，其实都需要你一步一步进行实践。为了真正过上幸福的生活，并不要求我们完全封闭自己，像禅一样静坐和观察。而是需要我们通过自己的认识来控制自己的感情和欲望，了解他人和智慧。各种宗教活动都会激发我们的人性，从而实现超越。我们总是在生活中匆匆忙忙，盲目地追求目标，一个接着一个，很快过完自己的一生。开放而符合实际的心态能够给我们的生活带来诸多机会，给予我们更多体验。据说甘地每天沉思两个小时。当他遇到问题时，听说就会花上四个小时来进行沉思。如果事情变得真的很糟糕，他甚至会坐下来沉思八个小时！积极心理学不主张我们采用如此极端的方式，但是本章建议大家去做的所有实践活动，都对丰富我们的精神生活，让我们每一个人都充满智慧有着非常重要的积极作用。

本章要点回顾

　　第八章主要讨论了智者身上体现出的特征，要想拥有智慧成为智者：

- 需要知识与技能。
- 能够充分为他人着想，同情他人。
- 乐于从错误中学习，对那些未知的事物充满好奇，拥有一个开放的心态。
- 了解自己的长处、弱点以及自己的价值观，尊重他人的需要以及他人的价值观。
- 利用自己的知识为他人服务。

我们还探讨了拥有宗教信仰的好处。通过研究发现，与没有任何宗教信仰的人相比，那些信仰宗教的人更容易感到幸福。

我们通过对那些精神上感到幸福的人进行研究，观察了他们的很多情感以及日常生活情况，发现这些人身上的共同特点是：

- 热爱现实生活
- 关注自我
- 心存感激
- 对生活充满好奇和敬畏
- 乐于原谅
- 能够自我接纳
- 懂得自我调节
- 富有同情心
- 注意观察生活
- 善于沉思

第九章 09

积极的健康：如何增进身体健康，使自己更长寿

健康的思想加上健康的身体，这话说起来虽然简单，但却是这个世界上对幸福的最完美描述。

约翰·洛克 1632—1704

在第三章，我们谈到罗伯特·埃蒙斯的研究发现，人们把自己感激的事情以日记的形式记下来，坚持三周之后就会激发人们的幸福感。其实人们不但感觉更幸福，而且睡眠也比以前更好，他们也会花费更多时间参与体育锻炼。在身体方面很少会出现疼痛之类的不适情况。人们幸福感越强，身体就会越健康。这是因为一旦人们感到幸福，就会更好地照顾自己，同时也会更好地照顾别人。

这本书的多数内容都是在探讨情感对于我们思维的影响，还有如何让思维更好地利用我们的情感、知识以及动机等。情感对我们的身体也有巨大影响。通过我们的内分泌系统，情感被激活，从而成为我们身体活动的必不可少的一部分。

行为主义心理学家斯金纳进行了一项非常有名的实验，结果显示人们的身体反应可以由心理刺激来引发。每次喂狗的时候，就响一下铃。最后每当狗听到铃声就会分泌唾液。中学时学过的生理学知识告诉我们，处在恐怖的环境中，我们的身体就会做出相应的有趣的反应。当一个男人在想到一个漂亮的裸体女人（或者一些能够刺激性欲的奇怪想法、图片等）时，如果他没有表现出一些身体上的反应，那么他肯定是有问题的。分泌唾液、流汗以及出现性兴奋等都是对于某种情感或想法的最基本的身体上的反应。现在越来越多的研究能够清楚地证明，我们的思想与行为对神经系统有着很大的影响。现在的研究也更加客观，它清楚地告诉我们，不但吃饭或运动能够使我们的身体更健康，而且通过一些独特的思考方式，调动身体内部的心理因素及相关神经系统，同样也能够促进我们的健康。科学还告诉我们，身体反应会受到早期儿童时代的影响，同时基因也起着非常重要的决定作用，这些知识我们已经了解。然而，研究同时也发现，思维方式对我们的情感反应有着非常大的影响，而身体活动对于我们的认知能力以及个人情感有着重要的积极作用。我们的思想就是我们的身体，就像一句谚语所说的那样，"健康的思想需要健康的身体"，这的确是事实。但同时我们还要知道，一个健康的身体也需要健康的思想。当身体健康的时候，我们可以进行更好地思考；而当我们能够很好地思考时，我们的身体也会更加健康。

心灵感悟

与健康对幸福的影响程度相比，幸福对健康的影响要大得多。一项非常有名的研究显示，在截瘫患者中，80%的人感到自己的生活还可以，或者在中等水平以上。在身体遭受不幸之后，他们在精神上能够重新获得幸福，或许是因为对于仍旧健在的生命感到更加珍惜与感激。

一个人的身体健康能够影响其精神健康。健康的身体会对一个人的精神带来积极的影响。事实上，目前运动被认为是对多数抑郁症最为有效的治疗方法。对于较为严重的精神抑郁，在进行药物治疗的同时，也可以通过适量运动对其加以控制。最近多项研究证明，体育锻炼与精神健康之间存在积极的关系。一个人在精神上越积极，那么他感受到的焦虑和压力就越小。

身体健康

为了有一个健康的身体，我们可以做的第一件事情就是观察自己的姿势以及呼吸方式。呼吸就是一个人的生命。如果你没有时间做其他的活动，那么就可以采取这样一种方式：放松、双肩自然下垂、收腹挺胸，然后做深呼吸。空气从鼻腔吸入，然后从口腔慢慢流出，让身体充分吸收每一次吸入的氧气。伸展颈部肌肉，前后摆头。如果你长时间坐在电脑桌旁，那么一定找一个舒适的椅子，并且牢记每隔一段时间都要起来活动一下。

积极心理学家的建议

规律性的体育锻炼对一个人的认知能力有着积极的影响。

体育锻炼的重要性

从幼年到老年，规律性的体育锻炼可以提高一个人的记忆力、计划性、条理性以及注意力。到了老年，锻炼可以减缓身体和精神的衰老速度；而对于小学生来说，锻炼可以提高考试成绩。通过锻炼，我们加速了大脑的氧气供应。很多人认为，锻炼还可以加快新的脑细胞的生成。锻炼对抑郁的积极作用已经为我们所熟知。在治疗精神抑郁方面，锻炼要比吃药效果更好。甚至在抑郁程度较为严重，我们不得不服用药物时，与单纯的药物治疗相比，服药与锻炼相结合的治疗效果要好得多。

体育锻炼对于一个人的健康与幸福非常关键，这个常识我们大家都熟知。然而，知道某事与去做某事好像是两码事儿。如果你打算开始锻炼，但是苦于不能坚持，那么这里有一些建议供你参考。

与他人一起锻炼

从前面章节我们已经了解到，最幸福的人往往是那些积极参加社会活动的人。与朋友一起出去散步就是开始参加锻炼的一个很好的方式。选择可以与他人一起锻炼的运动项目，不管对于个人健康还是社会交往，都是很好的促进方法。参加一些团体性的体育项目还可以增加自己的人脉，比如跳舞。

积极心理学家的建议

参加一些有规律的团体性体育锻炼，如果你不能按时参加的话，就会令他人失望。这个时候你就必须按时参加。

有关散步的一些数据

15分钟之内步行1英里，与8.3分钟之内跑完相同的距离，其消耗的热量相当。

一天步行2英里，每周三次，每坚持三周就会减掉1磅体重。

每步行1分钟，就会增加1.3分钟到2两分钟的寿命。

远离沙发、参与运动的有趣方式：

- 跳舞
- 参加团体性运动
- 边散步边聊天
- 给自己设置提醒方式
- 买只小狗
- 与孩子一起玩寻宝游戏
- 进行性生活

对运动保持兴趣，同时一定记着锻炼要适度，避免运动过于剧烈。有研究证实，与娱乐性运动不同，如果运动过于剧烈，其实对身体是没有好处的。

身体健康影响生活的方方面面！

积极心理学家的建议

假想自己非常适合从事当前的工作，不妨试试。

经典实例

告诉酒店的其中一组清洁工，他们所从事的工作对于心脏健康非常有好处。四周之后，与没有被告诉的那一组相比，他们在很多方面都显得更为健康。

让自己开始并且坚持下去的有效方法：

- 找一个可以一起锻炼的伙伴，开始时约定时间为四周。坚持四周之后，继续进行下一轮锻炼之前，庆祝一下。
- 如果你去体育馆，去了之后怎样才能让自己感觉更有趣？
- 利用自己的长处，找一个适合自己的体育项目。
- 开车去上班时，把车停得离办公室远一些。
- 每天早上醒来，自己都很健康，因为自己拥有这么健康的身体，心里充满感激。可以经常这样假想。

拥有积极的饮食习惯

其实我们不需要积极心理学家告诉我们，每个人都知道，吃进身体的食物会影响我们的心情。人就是植物，"人如其食"一点儿也不假。可是为什么我们控制自己的饮食显得那么难呢？虽然这不是一本饮食方面的书，但是我们可以利用一些积极心理学方面的知识来帮助自己。

还记得酸甜的柠檬大麦茶吗？你越告诉自己不要去想某件事情，你对其的反应就会越强烈。这就是为什么有些人越是注重自己的体形，就会越烦恼；越告诉自己不要去想那些会使人发胖的食物，就会越经不住诱惑。

研究显示，与以前相比，我们现在生活得更健康、也更长寿。但在这个越发发达的世界里，人们变得也越来越胖，并且患糖尿病、冠心病以及癌症的几率比以往任何时候都要高。不健康的生活方式带给我们的危害众人皆知，可是我们仍旧在不健康地大吃大喝。所以，很多不幸福的因素都源自于我们的身体，而且其影响还远远不止这些。

拥有健康的饮水习惯

多喝水，它可以帮助我们排出更多毒素，而且能够及时补充身体所需水分。目前大家已经广泛认同饮水对于人体有积极作用，因此就连学生在上学时也会随身带上一瓶水。研究还发现，多饮水可以有效提高我们的认知能力。所以，从今天起，下决心多喝水。这将会给你的身体和精神带来积极影响。

积极心理学家的建议

在厨房的洗碗池或者浴室的脸盆里放上一杯水。这样，每次去厨房或者浴室的时候，把杯子里的水喝了，然后再把它加满。

严格控制自己的酒精摄入量。一晚上喝一杯没问题，如果在喝酒时能够吃点东西更好。在吃饭时如果能有节制地与朋友一起喝上几杯，这是最健康的喝酒方式。这种有节制地喝酒，其实对身体是有好处的。研究发现，与那些滴酒不沾的人相比，适量喝酒的人患上抑郁症的几率更小。

男人如果平均每周摄入体内的啤酒量超过21瓶，女人每周超过14瓶，或者沾上酗酒的坏习惯，就会严重损害一个人的健康。过量饮酒的人通常会感觉沮丧、焦虑，患上痴呆与肝病的风险也大大增加。想想每周浪费在喝酒上那么多钱，不仅如此，喝酒超过医生建议的量，每多喝一两，你就朝死神走近了一步。如果你有酗酒的习惯，那么酗酒给你带来了什么？你能寻找一种其他的方式来达到目的吗？生活中你的价值观到底是什么？

积极心理学家的建议

在每喝一杯酒之前还有之后各喝一杯白开水。

总的来说，任何形式的咖啡因摄入都相当于醉酒，所以也要尽量少喝咖啡和饮料，可以用花茶取而代之。

健康以及健康与食物的密切关系

一个年轻人刚毕业，暂时还没有找到合适的工作。于是到印度进行教育实习。第一天上课，他为如何调动孩子的积极性很是发愁。当他寻找有趣的话题时，他问"谁喜欢食物？"整个班顿时炸开了锅，学生非常兴奋。他认为自己切入了主题。可是，他紧接着又问了一个问题，"你最喜欢的食物是什么？"几乎所有的学生都给难住了。因为印度与西方发达国家不同。在西方，我们有如此丰富的食物，有那么多可供选择的食物种类，人们已经不再认为食物是可以填饱肚子的东西。关于什么食物有益健康、什么食物可以使我们更幸福、什么食物能让我们保持活力等等，这方面的研究铺天盖地。只要适量，所有食物对于我们的健康都有好处。过分关注哪些食物能吃、哪些食物不能吃，这会让我们感到不幸福。你或许可以对此有一个全面的了解，也或许会花数小时去买适合自己吃的食物，但是这样做会让我们感到很有压力。享用这些食物的乐趣也会消失得无影无踪。吃东西是一种享受，而准备的过程对我们来说同样也是一种享受，它可以让一个人充分体验生活。与他人一起进餐也是一种很好的消遣方式，因为既可以很好地品尝食物，也可以同时享受朋友带给我们的欢乐。

直到目前，关于胆固醇摄入量的多少对健康的影响，这方面的研究成千上万。此类研究太多了，以至于一些靠长期实验才能得出结论的研究匆忙给出数据，声称我们总是想象着低胆固醇摄入是有益于健康的。但实际上，高胆固醇摄入的人要比摄入较少胆固醇的人更长寿。关于低胆固醇与传染病、猝死与自杀等之间的关系也争论已久。一些研究显示，拥有高胆固醇摄入量的人的确更长寿，因为他们患上传染病、抑郁症和癌症的几率大大降低；但从另外一个方面来看，高胆固醇摄入对我们的心脏健康也是一个巨大的风险，所以官方建议还是降低胆固醇摄入量。真正的风险并没有被全方位地评估，多数研究只能用一些数字来说明大致的发展趋势。对于哪些东西我们应该多摄入、哪些东西我们不应该多摄入这些问题，这方面的研究太多了，对我们来说反倒成了一个负担。但不可否认的是，这方面确实存在一些既定的事实。

关于培养健康的饮食习惯的几点建议：

- 每天坚持吃水果和蔬菜。
- 抽出时间自己做饭。自己做饭更健康，这不仅是因为原料更让人放心，而且做饭过程本身也可以锻炼一个人注意力及社会能力。
- 吃饭越慢越好，要学会享受食物带来的快乐（不要忘了，前面我们讨论过品尝对我们来说非常重要）。
- 吃自己喜欢的食物。记着要适量，学会自我节制，但不要忽略吃东西带给你的快乐。
- 与他人一起吃饭。
- 吃一些质量较好的小零食，比如坚果、干果或者自己做的爆米花。
- 吃饭时间要有规律。
- 不要把吃东西当成一种负担，就像它本来的那样，要把它当作生命的源泉。

为什么不偶尔试试清洁一下自己的肠胃呢？每隔一段时间禁食一次，这对我们的身体和精神都有好处。直到今天，禁食仍旧作为一种精神修炼方式被广泛使用。

> 积极心理学家的建议

每个月抽出一天，改变自己的日常饮食。只喝水，热凉都可以，也可在水中加一片儿柠檬；只吃水果、蔬菜和一些青豆。酒类、咖啡、所有的奶制品、糖类、面粉以及肉类等，都不要吃。

热爱自己的身体

热爱食物，但更要热爱自己的身体。你最后一次裸体站在镜子前认真地欣赏自己的身体是在什么时候？与二十年前相比，我现在已经太老了。我们生活在一个崇尚年轻的文化氛围中，当年龄变老的时候，我们不得不去忽略、掩盖甚至是隐藏身体上的一些自然变化。性感的人不管是在体形、个头以及年龄方面都有优势，他们传达给人们的是对自己身体的自信与喜悦。性感的人对自己的身体是非常满意的。幸福的人知道欣赏和重视自己的身体。

每个人都有缺点和不完美的地方。如果你总是注意自己身体上的缺陷，而不去发现身上的美丽之处，那么你就不会发现自己的身体潜能。此外，如果我们过分享受食物带来的快乐，而不去欣赏跳高、跑步以及跳舞等带给我们身体的喜悦，那么我们就会扭曲吃饭与保持体形的关系。如果你还年轻，一定要感激拥有现在的身体。二十年或者三十年之后，你就会强烈地渴盼拥有健康的体魄，可惜那时的我们已经青春不再。

如何从外观和潜意识两个方面夸大我们关注的东西

在一项实验中，分别在九月、十月、十一月、十二月、圣诞前以及一月等不同的时间让孩子们画圣诞老人。越接近圣诞节，小孩儿们画的圣诞老人就越大，圣诞老人的礼品袋也越大。到了一月份，圣诞老人和礼品袋就又变小了。这是一项非常有意思的研究，其结果证明了如果某些东西是我们关注的焦点，我们每天都在想着这件事，那么这些东西的重要性就会被我们夸大。同样，当我们过分关注食物的时候，情况也是如此。总是计算摄入的热量、时刻注意自己的体重，过于频繁地关注食物和体重，既会影响我们与食物之间的关系，对食物带给我们的享受变得麻木；同时也会阻止我们去欣赏自己的身体，从而忽略身体带给我们的自信与美感。不管对于食物，还是自己的身体，都不能过分关注其中的一个方面。如果我们过于关注食物带来的快乐，那么就会变得与圣诞节前的孩子们一样，健美的体形带给我们的愉悦、兴奋以及快乐就会被忽略。我们画出的画就会是一大盘食物、一个庞大的胃，或者一个长着双重下巴的胖子。

小练习

- 在身体方面，试着找出五个你比较喜欢的地方，留意一下人们主要赞扬你的哪些方面。
- 花两周时间，试着真正享受食物带给自己的乐趣。忽略其他的所有方面，只是花费较长的时间吃饭，尽可能享受食物带给自己的快乐。注意一下食物的味道以及吃在嘴里的感觉。
- 使用色彩鲜艳的餐具。
- 吃饭前抽出一分钟时间，对食物以及自己的身体表示感激。

> 通过练习学会享受吃东西：
> 拿一颗巧克力，慢慢品尝。让它在你的舌尖一点点融化，在口里尽可能多含一会儿。与朋友一起尝试一下。

享受快乐，增进健康

跳舞

你多长时间出去跳一次舞蹈？我女儿如果隔一段不去跳一下萨尔萨舞，她就会觉得浑身不舒服，就像戒毒时那样难受。对她来说，出去跳舞，其意义已经远远超出了跳舞本身。她说跳舞能滋养自己的灵魂，身体彻底得到了解放，还能使自己精力充沛。跳一次舞，接下来的整个一周都会感觉到跳舞带来的积极作用。跳舞或许是能够给人们带来幸福的最好而且也是最直接的方式之一，所以这就是为什么世界上的每个民族都有舞蹈。跳舞的时候，我们可以与他人直接交流，可以提高我们的生活技能，增强自己对生活的感悟。这个时候，为了同一目的，思想与身体之间的协作会非常和谐。跳舞有利于增进一个人的身体健康，其作用是显而易见的。但同时它也会促进我们的心理健康。

最近研究发现，跳街舞可以增进我们的健康，比滑冰和体能训练效果都要好。

音乐

不知你是否还记得，在本书的最初几章我们谈到，听音乐是最好的刺激快乐的方式之一。任何与音乐有关的活动都会带给我们无限快乐，也会增进我们的健康。伴随音乐跳舞，听着音乐散步，音乐发挥着很重要的作用。不管是精神上，还是身体上，音乐都可以让我们变得更健康。

演奏音乐或者唱歌，可以使我们的身体状态进入高峰。演奏音乐时与他人之间的情感互动会调动起全身的积极因素。参加乐队的表演、在合唱团唱歌或者在一个管弦乐队演奏乐器，都不可能不与其他人进行交流。演奏乐器也是一项体育活动，一个鼓手的健康程度不亚于一名运动员。如果你是合唱团的歌唱演员，或者在管弦乐队吹奏管乐器，那么你需要一个非常大的肺活量。而在本章一开始，我们就知道，呼吸是最基本的有利于健康的活动。积极地参与与音乐相关的活动是保持健康的有效方式。当然，我们这里谈论的是积极地参与，而不是独自一人坐在电脑旁边。所以如果要想达到理想效果，一定要走出去，与他人一块儿共同参与其中。

对于音乐带给一个人的诸多积极影响，教育心理学家苏珊·哈勒姆列出其中一些方面：

- 增加一个人的积极情绪和活力，可以使一个人感到幸福，让其精力充沛
- 提高一个人的智力以及思维能力
- 激发创造力
- 减少抑郁
- 增进整体健康，改善心跳速度，降低死亡率
- 提高社会技能

- 培养一个人的决心，提高参与积极性
- 提高孩子的阅读及数学能力
- 提高记忆力

体育活动及爱好

种植花草、骑马、划船、航海、滑雪、徒步旅行以及打高尔夫等，任何一种活动都既可以陶冶我们的情操，又可以锻炼肌肉，对精神和身体都有好处。到户外活动对提高我们的心肺功能以及大脑思维也有好处。积极参加各种体育活动，能够带给我们很多快乐。它既可以带给我们一些挑战，也可以增进人际交流，这是有效促进健康与幸福的较为简便的方式。

走出去，亲近自然

通过最近的一项研究我们发现，走出去，拥抱和亲近自然，对增进一个人的活力与健康有着积极的促进作用。每天只需二十分钟，就可以显著增进一个人的活力水平。

种植花草是最简单的户外活动之一，它不仅能对身体进行非常好的锻炼，而且也提供给我们学会关爱和创造美丽的机会。照料植物，看着它一点点长大，既能促进我们的身体健康，也能带给我们心灵的快乐。抽出时间与各种各样的植物与花草待在一起，欣赏着不同的颜色、感受着不同的质地，这是一种非常有效的减压方式。不要把种植花草当成是烦琐而辛苦的事情，当花园里的花草枝繁叶茂时，抽出一点时间去欣赏一下大自然的美。选择一次关注一样东西，提醒自己不要忽视专注的力量。种植花草为我们提供了许多能与沉思达到同样效果的活动。在种花过程中，如果确实需要付出高强度的劳动，那么在完成任务时就要找个合适方式庆祝一下。把双手埋进土壤，仔细感受大地的神奇，马上就可以让我们从沮丧中走出来。著名的园艺专家蒙蒂·邓说，他总是从土壤里挖掘摆脱烦恼的方法。

生活中要善于创新和发明，但一定要远离沙发，千万不能坐着不动。本章主要讨论的是身体健康，这里谈论创新好像有些奇怪，但是如果有创新的活动爱好，它对我们的身体是有好处的。这里我们谈论的是种植花草，但是如果你喜欢画画，那么背着画夹外出写生也可以让你长距离散步。遛狗、带上孩子去野餐，或者约上一帮朋友外出，这都是告别沙发、避免久坐的好办法。

你如何才能把自己的长处与价值观融合到一项户外活动中呢？

武术和体育项目

越来越多的人认识到瑜伽、太极拳、跆拳道、柔道、普拉提、体操等活动对增进我们的身体和精神健康有着积极的作用。这些运动对于增进我们的身体健康，其作用是巨大的。因为东方的很多运动项目，在练习时不仅能够提高身体的柔韧性，而且还可以把身体内部的活力保持在一个健康的水平。当我们伤心的时候，我们总是下意识地弯着腰，因为这样可以保护我们的心脏。我们的肢体动作与内部的情感状态有着千丝万缕的联系。随着研究的深入，人们发现了象瑜伽和柔道等运动，会给我们的神经系统带来各种积极影响。在第八章，我们讨论过自律以及自我调节带给我们的积极影响。学会把身体和精神上的调节有效地合并在一起，确实是一个非常好的习惯。坚持下去我们就会发现，它不仅仅对我们的身体健康有好处，而且还可以使我们的头脑更灵活。在生活的其他方面，我们也会做得更好。自我调节就是一块肌肉，你练习越多，它得到的提高就越多。

性生活

为什么不想办法提高性生活的质量呢？在这个世界上，性生活是带给人们健康与幸福的最好的活动方式之一。

性生活对身体有好处，因为它可以改善一个人的：

- 心跳速度
- 呼吸系统
- 身体循环
- 燃烧脂肪
- 增强免疫力
- 整体健康与长寿

有句话说得好，"和谐的性生活是生活的一部分，而不和谐的性生活是一个人生活的全部。"如果你对自己的性生活感到不满意，那么就试试本书教给你的知识，尝试一下解决这个问题。

性生活不仅仅影响一个人的身体健康，而且对我们的感情、心理以及精神健康都有着很大的影响作用。在爱抚与被爱抚的过程中，二人的亲密关系得以提升，因为在被爱抚的过程中男女双方都会分泌大量的让人感觉美妙的荷尔蒙。特别是对于女性来说，拥有一个好的配偶要比发生多次一夜情好得多。尽管每个人都不同，你也不一定处在一夫一妻制的社会关系中，可是不管你属于什么情况你都不要忘了，性生活的确能够给我们带来积极的东西。但是如果因为性生活给自己或别人带来了伤害，这对你的情感健康是极为不利的。

要想拥有积极健康的性生活，我们需要花一些时间创造点新意，同时：

- 要宽宏大量
- 要友好
- 要有创意：学会变换方式，尝试一些新花样
- 发挥自己的长处
- 要学会感激
- 拥有好奇心
- 做真实的自己

如何培养健康的习惯

培养健康目标包括两个部分，一是了解自己的需要；二是为了满足需要能够找到一个合适的运动方式或策略。

转移自己的一部分注意力，腾出时间参加一些有意义的活动，需要我们对当前做出改变并培养一些新的习惯。虽然很多时候，目前的习惯已经给我们带来了好处。为一个新的习惯去付出并进行自律，在很多时候并不容易，因为这样做就意味着我们为了腾出时间去做新的事情，而不得不选择放弃当前从事的事情。

我们或许很爱自己的配偶、家庭还有朋友，与我们喜欢的人待上一天会让我们感觉很好。但是这样很容易让我们在电视机前毁掉时间，倒不如约好某一天与他们一起出去，尝试一下不同的生活方式。

泰利·本·沙哈尔，一位教授积极心理学的哈佛大学老师，他认为培养一个新习惯至少需要四周时间。并且他说，我们每一次只能试着培养一个习惯，每个习惯需要我们花费四周到六周时间去适应。他同时鼓励我们去尝试一下勒尔和施瓦兹的建议，这两位心理学家建议我们围绕新习惯制定一套程序，在某个特定的时间以特定的方式去做某事。这样，当我们需要自律的时候，我们就会找到完成新任务或者从事新行为的动机。当这套固定的程序本身具有意义而且与我们的价值观一致时，这种做法的价值就会体现得更明显。本·沙哈尔以刷牙作为一套固定程序的例子来说明这个问题。他说，刷牙不需要我们很大程度上的自律，因为这套程序已经成为自身卫生习惯以及价值观的一部分。

小练习

培养一个新习惯

- 你想立即培养自己哪一种健康习惯？
- 把它写下来。
- 现在写出培养这样一个新习惯将会给你带来什么。
- 它反映了你什么样的价值观？
- 这样做会对你的生活及整个人生产生什么样的积极影响？
- 如果你拥有了这个习惯，你会成为一个什么样的人？
- 养成新的习惯之后，对于你还有你的生活，在大的方面它会有助于你实现什么样的目标？

现在写一下，如果你不去培养这样一个新的习惯，将会给你带来的后果是什么。

为了腾出时间来培养这个新习惯，你需要做出什么样的牺牲？

第四章我们谈到了一个人最明显的长处。那么，利用自己的长处，再考虑一下你要培养的这个新习惯，思考一下如何才能充分发挥自己的长处，进而制定一套可行的方案。如果你最擅长的就是创新、充满热情以及自我控制，那么制订方案的过程也许会相对容易些。但是，你如何把对生活的感激以及原谅他人也融进这个方案呢？如何才能让一个三十分钟的行动方案看起来让我们对生活充满更多感激呢？所以，要想制定一个方案，做完之后就会使一个人对生活充满感激，这是一个很不容易的事情。

本章要点回顾

本章主要讲了身体健康对于幸福的重要性以及幸福如何影响我们的健康。

- 通过学习，我们知道了如何更积极地看待吃饭、喝水、身体以及运动。
- 积极参加一些活动，比如跳舞、演奏音乐等，不管是从身体上、还是精神上，对我们的健康都有着重要的促进作用。
- 到户外去，参加体育锻炼、种植花草、徒步旅行、骑脚踏车、划船、航海、爬山或者钓鱼等活动，对我们的身体健康以及精神健康都有好处。户外活动会让我们更加积极地生活，同时还会增加我们的幸福指数。
- 接近大自然会激发一个人的活力与幸福感。
- 不要忘了积极的性生活对我们也有很大好处。

我希望每一个人都能够培养一个新习惯，既能带来健康，又能感到幸福。

第十章
让积极心理学在工作中发挥作用

天才的每部作品都必定是饱含激情的作品。

本杰明·迪斯雷利 1804—1881

积极心理学对一个人的工作会产生巨大影响。本书最后一章将告诉你在工作期间，哪些因素可以促进幸福、提高工作满意度、带来更积极的态度，以至于最后给你工作上带来最大的收获。我们将会研究工作中能够激发积极情绪的所有因素。研究显示，很多管理机构在工作场合利用积极心理学，最后发现不但工人的工作积极性得以大幅提高，而且企业的利润率也大幅提升。

积极心理学最实际的用处之一就是在工作场合的应用。我们把生命中的一大部分时间都花在了工作上，与此相对应，工作是否幸福就成了影响我们整体幸福状态的一个关键因素。如果工作时不幸福，这不但影响我们上班时间的幸福感，而且也会给生活的其他方面带来消极影响。此外，通过工作中的个人发展、生产力提高以及产值增加等，积极心理学可以在以下方面给我们带来实实在在的回报：

- 对于生活的整体满意度
- 幸福感与成就感
- 个人成功
- 更好的工作关系
- 职位晋升或者薪酬提高
- 或者工作时感到更加自信

工作时心情愉快可以给以下方面带来积极影响：

- 团队工作
- 雇佣关系

- 多样性与包容性
- 注意力
- 思维与表现
- 创造力

不管你工作的单位是大是小，你都可以把积极心理学上的知识应用到工作中去，从而使你还有你身边的其他人从繁忙中感到快乐。把自己的需要暂时储存起来，比如需要得到他人喜欢、受同事欢迎、成为好的团队领导、让自己成名等等，把这些个人需要与他人需要兼顾起来，都需要我们拥有一个好心情。在工作中，我们可以找到一个非常好的机会，去满足各种各样的需要，从而使自己对工作感到满意，生活上也感到更加幸福。

应用在个人表现及成绩方面的积极心理学

幸福的人都是做事效率高的人

研究显示，一个可以激发员工积极情感与工作参与度的环境来自于员工较高的工作积极性与认知能力。一旦忙碌起来，我们就会觉得激动、幸福、精神焕发，我们会对自己的工作更专心。作为结果，我们的工作就会更具创造性，因此也会更好地解决问题。全身心地投入到自己的工作中去，不仅仅会使一个人更快乐，而且会让他的工作能力更强。

小练习

对于下面这些问题，你的答案是肯定的吗？

- 工作上，有些事情我可以做到最好，每天我都有这样的机会去做。
- 我知道工作上他们对我的期望是什么。
- 要把工作做好，需要一些材料和设备，目前我有这些东西。
- 我有机会学习和成长。
- 我有各种各样的工作去做。
- 我能够驾驭自己的工作。

- 每天我都会用到自己的长处。

对于以上问题，如果你的答案是肯定的，就说明工作让你很快乐。

如何提高工作积极性
1. 基于长处的方法

工作中发挥自己的长处是提高一个人的工作积极性从而得到幸福的首要方法。你不仅会很享受发挥长处的过程，而且工作中感到得心应手的机会也会增加。那么，如何才能把基于长处的方法应用到自己的工作中去呢？

- 列出可以让自己在工作中充分发挥长处的三个新方式。
- 列出可以让你的同事认识并发挥他们自身长处的三个新方式。

重新回到第四章或者登录网站（www.strengthsfinder.com），查看一下长处列表。有些时候人们会隐藏自己的长处，因为他们没有机会去展示。如果你的单位允许根据个人长处重新分派任务，你就会惊奇地发现，工作任务和目标会在非常短的时间内完成。因为如果一个人不喜欢做那些明目繁杂的账表，你非要让他去做这个工作，他的工作积极性肯定会受到挫伤，当然工作效率也会大打折扣。有些人工作中喜欢站起来，而有些人喜欢边做工作边讲笑话。认识到他人的长处与认识到自己的长处一样，都会给我们带来回报。

- 你最明显的长处是什么？
- 与你一起工作的同事，他们最明显的长处是什么？
- 如何认识和发现你同事的长处？
- 你周围的同事身上的长处，有哪些还没有被完全利用？你如何改变目前这种状况？

在公司管理中，采用基于长处的管理办法是提高员工工作积极性与参与度的有效途径。在本书的末尾，你还会发现更多这方面的详细内容。

2. 任务多样化

工作任务的多样化与新鲜感可以让我们倍感激励，从而全身心地投入自己的精力。请记住，工作中一定要尽可能地多发挥自己的长处，同时寻找更多完成任务的新方法。我们一般习惯于墨守成规，按照通常的习惯做事情，因为固定的做事习惯能够带给我们成就感。但是，变化在带给我们成就感的同时，会让我们倍感幸福。

随机分派工作任务是打破目前固定工作方式的有效方法。如果你有权利这样做，就给你手下每天换一下工作任务，这样既可以激励员工进行创新，也可以增进对他们的了解。这样做下去一定会收到积极的效果。

- 你如何打破目前固定的工作模式？在调动员工工作积极性上，你有什么不同寻常的办法？你会有哪些创新？

积极心理学家的建议

让自己的工作任务多样化：

- 想办法用一种新的方式去完成自己的日常工作
- 接受新的任务与挑战
- 试试利用自己的其他长处
- 学会冒险
- 不要轻易说"不"

3. 明确的目标

拥有明确的目标的确可以激励我们。如果清楚地知道要做什么（以及为什么要这样做）的时候，我们就可以全身心地投入到即将开始的工作中去。如果你还不清楚要做什么，或者不知道自己的工作目标，那么有没有解决这个问题的方法呢？

如何弄清自己的工作目标：

- 为了弄清自己的目标，一定要让它们在短期内对自己来说是现实的，而且可以实现。不要迷失在那些不可能实现的梦想中，要找一些操作性较强、有明确终点的事情来做。
- 如果是你自己在从事某件事情，指定一个负责人，并且找个日子庆祝一下。
- 工作中有些时候别人会让你去完成一些不太现实的目标，你肯定不愿去做。因为你觉得超出了自己的能力，没有在自己可控的范围之内。那么这时候你可以想象一下自己手中有一根孙悟空的金箍棒，轻轻点一下，它就会告诉你怎么做。然后再开始这项工作。
- 利用自己的长处和强项去改变和改进当前这种情况。
- 要记住好的心情有助于一个人进行清楚地思考，所以要让自己保持一个良好的心情。

4. 让自己在工作中得心应手

如果有机会，就有意识地去培养自己某方面的技能，让自己接受一些挑战，这是使自己在工作中做到得心应手的最有效方法。请一定记住，得到机会来提高自己的技能，这是让我们充分体会到工作快乐的方法之一。面对挑战可以提高我们的能力，从而增加我们的自信与自尊。工作中你遇到过挑战吗？

如何让自己在工作中做到得心应手：

- 寻找可以提高已有技能或者学习新技能的机会。
- 从事有些工作会让你真正兴奋起来，那么利用各种方式让自己多做这样的事情。
- 接受挑战。
- 创造一个令人愉悦的工作环境。
- 按照最高标准来做好自己的工作，试着把它做到最好，不要偷工减料。
- 仔细关注目前手头的工作，重视进行的每一步及整个过程。

那么如何才能在工作场合创造更多机会，同时也让自己的同事在工作上做到得心应手呢？

5. 明确自己的工作任务

了解自己的工作任务以及身边的同事非常重要。明确自己的工作任务会对以下方面产生积极影响：

- 工作满意度
- 集体责任感
- 避免焦虑
- 员工的健康

> 现在的员工需要完成的多数任务都是以职责要求的形式来规定的。这对一些高层领导来说较为适用，而对于普通员工来说效果甚微。
>
> 米哈伊·奇克森特米哈伊 1996

好的领导知道什么地方需要指挥，需要多大程度地指挥；不称职的领导总是纠缠于小事儿和细节，或者被一些大的不现实的想法冲昏头脑，所以很难实现科学管理。

小练习

做一下下面这个小练习：用一分钟给某个人描述一下你的工作。
如果你做不了，问下自己：

- 对你个人来说，关于你的工作，你认为最重要的是什么？
- 对你的公司和老板来说，关于你的工作，你认为最重要的是什么？

如果上面两道题的答案不一致，你就需要好好检查一下，工作中自己是否已经遇到了某些问题。

6. 培养自主性

为了真正调动自己内在积极性，你需要具有高度的自主性。
工作中拥有自主性，拥有自我选择行动的自由，可以很好地激发一个人的工作积极性。研究显示，给予人们充分的自由以及信任，对于提高工作效率和效果来说都很有效。如果给予员工支配自己行为的权利，他们会感到非常幸福。这是因为，拥有更多自主性有利于提高和增强：

- 归属感
- 员工的支配权
- 工作满意度
- 责任心
- 公民权

经典实例

澳大利亚软件公司为了给予员工自主权，他们想出了一个非常好的办法。每隔大约三个月，他们会给员工一天时间，由他们自己选择工作任务。唯一的附加条件就是，第二天他们需要围绕昨天的工作内容，进行一个三分钟的简短汇报。这个过程产生了一些非常有新意的想法，也为员工提供了一个展示他们更多个人技能的机会。这种方法很有意思。

如果在工作中你能给他人更多的自主性，那么你就真正提高了他们工作的积极性。

- 工作中你有多少自主性或者内部动机？
- 在单位你可以自己选择开展工作的方式吗？
- 你可以根据自己的长处来选择工作内容吗？
- 你有自己的、而且一想起来就感觉非常激动的工作目标吗？

经典实例

内在动机的力量是巨大的，维基百科战胜微软的电子百科词典就是一个很好的例证。尽管微软拥有雄厚的经济实力，也在适当时候推出了电子百科词典，但目前最受欢迎的在线词典仍是维基百科。其所有词条的编纂都是无偿的，但设立维基百科的动机来自于贡献者内部，所以直到今天，他们坚持编写并实时更新词条完全是出于对一些主题的热爱。

7. 心态

如果你居于领导岗位，那么工作中拥有一个开放的心态对你来说就显得尤其重要。拥有一个开放的心态，就是对变化持开放的态度。更为重要的是，对于成长，不管是自己的成长，还是别人的成长，都保持一个积极开放的心态。你会把失败看作是一次学习的机会吗？在《从优秀到伟大》这本书中，吉姆·柯林斯发现，一些成功创建大公司的领导人有很多相同之处，其中一点就是处理失败的能力。有些时候甚至是面对自己的失败，他们也总是质问自己，如何才能改变不利的局面，如何才能从失败中学到东西。

拥有开放心态的人，很喜欢吸纳那些聪明绝顶、敢于挑战的人，他们也不惧怕聘用那些能力强于自己的人。

心理学家卡罗尔·兑克认为，拥有开放的心态对于一个人的领导能力来说非常重要，因为领导总是把人才作为公司潜在发展的出发点。

▶ 经典实例

罗伯特·伍德和艾伯特·班杜拉发现，拥有开放心态的商学专业学生比那些趋于保守的学生表现更好。试验人员告诉第一组学生，通过完成一些任务，实验人员即将测量他们已经形成的能力。这样，第一组学生在看待自己能力的时候就会倾向于保守。然而实验人员告诉第二组学生，为了更好地完成任务，他们需要边完成任务边进行学习。所以第二组学生自然就倾向于持有一种开放的心态。第一组学生依赖自己固有的能力，很自然第二组学生在完成任务时比第一组表现得要好，而且在实验结束时，第二组学生也更加自信。

应用在工作关系方面的积极心理学

不管做什么事情，我们都需要与他人沟通，与他人合作。也不管你的工作性质是什么，工作结果的好坏总是受到他人影响。在工作上，第五章我们谈到的所有关于情商的知识都很重要。但是，我们能否在工作中做到得心应手，如何处理工作中与他人的关系，这方面的知识远非这些。

心情高兴能够使我们做起事来效率更高，也更富有创造性。当我们快乐的时候，我们喜欢自己原本的样子，喜欢去做自己喜欢的事情。前面我们已经讨论过那些有助于激发工作积极性的活动，现在我们将介绍什么可以让我们的工作得到大家的认可。与同事的关系是我们喜欢工作的一个主要原因。

心灵感悟

在工作中，有助于激发一个人积极性与幸福感的积极情感有：喜悦、兴趣和爱心。

对于以下问题，你的回答是肯定的吗？

- 过去的七天中，因为出色的工作，我得到了大家的称赞与认可。
- 在单位，我的主管好像对我很关心。
- 工作上有人鼓励和支持我的个人发展。
- 工作上，我的个人看法对单位的整个工作会有影响。
- 工作上我有很好的朋友。
- 最近的半年里，工作上有人和我谈过我的个人发展问题。

感到有人支持、有人关心，并且能感受到自己对单位的作用以及给单位带来的有形的东西，不管什么样的公司与企业，这都是员工较高积极性与工作参与度的普遍特征。一个单位如果注重激发员工的这些感情，员工就会对工作表现出极大的热情，同时也会提高对工作的认知能力。这反过来也会让单位受益。幸福感直接影响一个人对工作的满意程度和工作积极性，最明显的体现就是员工对他人慷慨无私的行为。

工作中如何提高自己的交际技能

1. 取得他人认可

取得的成绩得到他人认可，成功后与他人一起庆祝，这带给我们的好处不言自明，因为每个人都喜欢自己的工作得到别人的承认。但是，承认他人的劳动同样也是一种非常好的方法。工作中不管你的职位高低，只要你感谢他人，就会不自觉地承认他人的劳动。一句真心的感谢对你来说非常简单，但是却会收到不同的效果。发一封电子邮件也可以，但这种方式现在太普遍了，以至于人们完全忘记了手写的卡片或便条可能会更有效。

积极心理学家的建议

抽出时间庆祝一下成功。甚至有些时候，工作之后的一顿午饭就可以让你接下来的一周时间都感到幸福。我遇到过一个公司老总，通过送花来感谢他的销售经理。他同时还把鲜花送到这位经理合伙人的办公室，以此来感谢他们的支持。这就让他们感觉到自己的付出得到了认可。

- 想一下如何把对别人的感谢和认可带到自己的工作中去。
- 要善于发现新的方式，记住任何事情都是互惠互利的，在对他人表示感谢时要大方、主动。
- 感谢他人时态度要真诚。

在增进人们健康与幸福的诸多因素中，拥有知心朋友是至关重要的。我们一生中把很大一部分时间都花在了工作上，所以工作上的友情会让我们感觉精神愉悦。有些时候工作上我们不一定能够找到朋友，特别是自己单干或者在家里工作的时候。朋友可以带给我们自信与支持，让我们信赖。困难的时候，朋友可以指导和帮助我们战胜困难。在工作上，他们还可以给我们提供相关信息与知识，给我们的工作带来实际的帮助。

- 重视同事关系
- 抽出时间与朋友或同事共进午餐
- 当你能够提供帮助并且需要时，给朋友必要的帮助；在任何情况下，团队合作都很重要
- 提高自己与他人合作的技巧
- 生活中每人都有喜欢与之相处的人，寻求与他们合作的机会

2. 积极的上下级关系，争取获得支持

工作中朋友非常重要，但是领导的支持对于减轻工作压力最为有效。

对于一个单位来说，拥有一个体贴入微、善于鼓励、乐于助人的领导对于提高员工的工作满意度有着很大影响；相反，如果领导身上有很多问题，这也是引起不快甚至冲突的最常见原因之一。

有助于培养积极的上下级关系的因素有：

- 领导谈话后用自己的话把要点重述一次
- 反馈工作情况
- 明确工作任务

心灵感悟

研究发现，让员工清楚地知道他们在做什么，哪些是他们职责范围之内的事情，这对提高员工的工作满意度以及幸福度有着重要影响。

3. 积极的团队合作

作为一个好的团队的一员会让我们感到幸福。在工作中，我们如何培养自己的团队意识呢？花一些时间，思考一下过去做过的事情中，哪些是团队合作完成的。试着利用这些集体力量，重新规划将来。思考一下你工作的单位，根据实际情况调整自己的团队意识。创造和培养一种包容氛围。研究显示，如果公司的集体理念从一定程度上融入员工的个人因素，就会创造出很好的团队精神。

4. 建立互信

学会使用本章教给你的技能。

- 你能多大程度上认真听取别人的意见？
- 对于自己周围的人，你会经常保留自己的看法而认真听取他们的建议吗？
- 人们说话时，其言外之意是什么？
- 如何利用长处让自己学会韬光养晦，而不是处处锋芒毕露？

小练习

事后重述，就是与他人进行谈话以后，用自己的话把事情的意义及重要性重复一遍。你可以这样开始："我认为你想让我这样，……"显而易见，说话的口气一定要得体。

任何需要你付出行动或者集中注意力的谈话或交流，其实都可以利用这种方式来提高其交际效果。如果你感觉当场重复某人刚刚告诉你的事情不太合适，那么就试着再告诉自己一遍刚才听到的话，这样就好像听了两次，这会大大减少理解错误出现的可能性。

5. 慷慨

请一定记住乔纳森·海特告诉我们的"投我以桃，报之以李"的重要性。与其他任何地方一样，这条原则在工作场合也非常适用。如果工作上有人给了我们支持和帮助，那么我们也很愿意为他们做同样的事情。基于这条原则有多种人际关系模式，我们曾经帮助过的人更乐意给予我们同样的支持。赠与别人礼物也基于同样的原则。但是，千万不要怀有什么恶意或者以此讨好别人，因为真正的慷慨有助于提高自己的幸福感。这不但适用于工作场所，在其他任何地方都适用。

6. 总结成功经验

在第四章我们已经谈到，把注意力集中在自己成功的经验上，而不是那些失败的经历，这会让我们感到信心百倍。大卫·库珀里德发明了一个非常有效的方法，用这个方法可以帮助一个集体总结过去成功的经验，用一种全新的方式去利用这些经验，从而取得更好的效果。这种过程叫做"感恩探寻"，不管一个单位的人员是多是少，这个方法都管用。

小练习

花点时间回想一下自己生活中一些成功的例子，或者自己的单位在过去曾经取得的成功，找个朋友分享一下。同时与朋友一起探讨一下这些问题：取得成功的原因是什么？与谁合作的？受了什么样的激励？成功在哪些方面？是什么起了主要作用？这些事情都来自于你自己的亲身经历，但是一旦你与朋友分享并且与其探讨过以上问题之后，这些事情的精华就会全部再现。这样你就可以试着以一种新的方式把过去的这些经验应用到当前需要完成的任务中去，从而重新规划将来的目标。

7. 乐观主义与悲观主义的作用

在对事情及局面的控制方面，与自己的能力相比，乐观主义者往往非常自信。在具有压力的情况下，这是一项很好的处理策略。要记住，在解决问题时，乐观主义的思维方式更能起作用。因为乐观主义者通常从另外一个更加积极的角度看问题。工作上，敢于面对困难和善于解决问题都是一个人的巨大财富。但是，悲观主义者处在逆境时会更加现实。尽管他们有时缺乏毅力以及不屈不挠的精神，甚至有些时候会回避问题，但是他们在做事的细节上会表现得更好。所以，有些时候我们也需要一种悲观主义思维。

工作中的乐观主义与悲观主义

	积极的方面	消极的方面
乐观主义者	有利于解决问题、从新的角度看问题、勇于面对实际情况、对压力能够从感情上做好准备	处在逆境时不够现实，对于事情的细节关注程度不够
悲观主义者	对待消极的事情/逆境时候更加现实，善于处理细节性问题如会计工作	有回避问题的倾向

积极心理学与有意义的工作

下面几条对于促进我们的工作幸福感来说都是重要的因素：

- 公司的目标和任务让我感觉自己的工作很重要。
- 我的同事对工作都是精益求精。
- 公司为我提供个人发展的机会。

当自己的才能和价值观与工作任务一致时，我们会感觉更幸福。有意义的工作就是对自己的生存与发展有价值的工作。如果工作环境与个人的价值观相符，我们更容易找到实现自己目标的机会。

积极心理学同时发现，一些效益较好的公司通常把他们工作的重心放在给员工更多的回报上，而不是从员工身上榨取更多。

提高工作积极性的最好办法之一就是让员工具有明确的目的性，感觉所从事的工作有意义。人们在谈到自己的工作时，有三种表述方式：

- 作为工作——我上班是因为不得不去，另外我还能挣到工资。
- 作为职业——对于自己的工作具有一定的规划；目前从事的工作不一定是自己梦寐以求的，但是我正在向这个方向努力。
- 作为事业——我的工作就是我的事业。它有其内在的目的及意义，工作不仅仅是为了满足个人需要，更重要的是，我感到自己融入了一个集体中。个人追求的目标和价值观与单位的工作目标非常一致，我喜欢自己从事的工作。

心灵感悟

肯·罗宾逊曾谈到，我们从很小的时候，一谈起自己将来的工作，我们就为自己树立了很大的目标。他举了这样一个例子：有一个非常聪明的学生，当谈到自己将来的理想时，他说想当一名消防员。但老师却告诉他，在这个世界上生活一辈子，应该思考着做一些更有意义的事情。若干年后，当他把老师与其妻子从一场车祸中救出的时候，他问老师，救别人的命是否属于有意义的事情。老师哑口无言。幸福而有意义地生活，有什么比这更值得我们去做呢？

当处在第三种情况"作为事业"时，我们感到最幸福，也最有成就感。但是，许多人都不会这样幸运，他们不知道自己想做什么，也不知道自己的一生究竟适合做什么。然而，如果你充分展示和利用自己的长处，培养自己的服务意识，并把它当作实现自己人生价值的一部分，那么，所有的工作都可以成为事业。工作与事业，唯一不同之处就在于你对待它们的态度与是否发挥了长处。

使工作成为事业的方法：

- 注意观察他人需要：要慷慨大方，要富有同情心。
- 要了解自己：清楚地知道自己相信什么、自己的价值观是什么、什么可以激励自己，为了自己的目标随时准备奉献自己的青春。
- 做事有自己的判断与原则，依据自己的这些原则去工作。
- 积极学习，提高自己。视错误与挫折为宝贵经验，注重从经验中吸取教训。培养自己发展的心态。
- 乐于接受别人的不同之处。
- 相信自己，对自己充满信心。
- 注意观察和了解事情的真相，尽量从宏观上把握问题。
- 注重实际，对当前所处环境持开放态度。
- 了解一下自己想为大家提供哪些服务；以一种有意义的方式工作。

在更为广阔的生活范围内，下面这些都是让我们的工作变得更有意义的实例。只要你投入精力，平时有意关注这些东西，任何工作都会变得更有目的和意义。

- 钱可以养活孩子还有家庭：对我来说这最为重要；我感到自己很诚

实，自己也很能干。
- 它给我提供了与客户们打交道的机会，同时也给了我一些挑战，那就是如何使每一位客户感觉更好。如果没有创新和完美，我就无法生活。
- 从挣到的钱中，我抽出一部分花在学习跳舞上。工作有助于我向着自己喜欢的方向发展。同时，我尽可能多出去跳舞和表演，因为这样我就可以在工作中寻找机会展示自己。
- 它是让自己得以晋升从而走上管理岗位的重要一步。我既喜欢业务上占据优势，同时也喜欢接受他人领导，这种等级分明的业务关系很适合我。我的目的就是以自己的实际行动支持我的同事还有上司。
- 每个公司都有环保政策，我会以自己的实际行动让同事更加注意环保问题。从更长远的角度思考问题对我来说很重要。我做的工作是另外一项更为庞大的工程的重要部分。
- 工作中，同事每天都会让我感到很高兴。我有很好的朋友，我的工作也得到了他们的认可。
- 今天我做的每一件事都是快乐的、尽力的、为他人着想的，并且都是全神贯注、激情满怀、充满好奇地去完成。

改革型领导

对于任何一个集体来说，领导都是非常重要的。如果把一个单位比喻成一艘轮船，那么领导既是造船人，也是掌舵人。但是作为掌舵人，他需要全体船员的共同努力。作为一位改革型的领导，其主要特点包括：

- 头脑清醒的领导，能够清楚地给员工传达单位的核心价值观，能够把单位的号召准确地讲解给员工。也会让每位员工清楚地了解单位的努力方向。
- 拥有了这种类型的领导，员工们从内心得到了激励与回报。他们鼓励自己的员工为自己着想，充分挖掘每一个人身上的潜力，给予每位员工个人发展与成长的机会。
- 改革型的领导对于员工的处境能够做到感同身受，从而培养自己的领导力。他很注重团队合作。

作为领导，以上做法有助于增进员工对单位的信任、认可，培养他们的责任感以及自豪感，这都是让员工对工作感到满意，从而幸福地工作的关键因素。

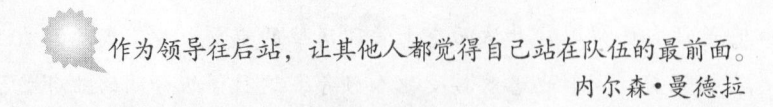

> 作为领导往后站，让其他人都觉得自己站在队伍的最前面。
> 内尔森·曼德拉

工作中的幸福感

一个人要想在工作中拥有幸福感并不容易，有很多因素都与其有着紧密的联系。在工作上拥有一个好心情非常重要，它对我们的认知能力、创造能力以及解决问题的能力都有着很大影响。积极心理学家认为，如果一个单位能够给予员工高度的自主性、给予他们出色完成任务的机会、有一个开明的领导、有着很强的团队合作氛围，所有这些都会使一个人在工作中感到幸福。清楚地了解自己所做的工作，也确切地知道自己的能力大小，这会让一个人在工作中精力充沛，从而激发出他的个人潜力和创造力。只要能够满足以上需要，那么最终就会让我们感到幸福。从而也会让我们对待工作有一个正确的态度，当然也会为我们的个人成长与发展提供机会。

研究与寻找能够促进人们工作幸福感的因素，这是一个越来越复杂的问题，我们对这个问题的认识显然不是向前线性发展的。以前，人们认为预测成功的因素可以通过测量一个人的智商或者对其进行心理测试就可以发现。在过去的二十年里，人们对这个问题的认识似乎已经很清楚了。但到了现在，人们发现还有更多其他因素比如幸福感或者情商对一个人的成功也起着至关重要的作用。就像一个快乐的人一样，要想从事一份快乐的工作，要求我们把很多事情都做好。幸福感，尽管是一个非常重要的因素，但除此之外，还有很多其他因素对此也有影响。拥有一个开明的领导，只要员工从事一些对单位有利的或者有意义的事情，他都支持。那么这时候，员工的幸福感才会产生。工作中，只有我们感到自己的重要性，自己喜欢从事的一些工作得到他人承认，这时候我们也才会有一种成就感。但是，要想把所有员工的积极性都调动起来，让每个人都幸福，这就要求单位的领导者必须有很高的热情和一定的驾驭能力。

本章要点回顾

本章主要告诉我们积极心理学在工作场合的用处。毫无疑问，活出真实的自我，以自己喜欢的方式生活，是我们走向幸福之路的一个永恒主题。积极心理学一次又一次地证明，一个人要想过上幸福、有成就感或者多姿多彩的生活，成功与物质享受不是最重要的。

- 我们了解到人们需要通过自己所做的事情获得成就感。
- 许多人认为，工作中与同事的关系非常重要。他们的成就感一半来自工作本身，另一半来自良好的同事关系。
- 工作中，不论你干什么，都要记住一条，那就是通过培养自己的情商、学会替他人着想、丰富自己的知识来发展自己。
- 工作上你可以利用他人的帮助让自己勇敢面对挑战，发挥自己的潜能。但同时也要给予他人发挥才能和长处的机会。
- 不管是公司的领导还是普通的职员，一个幸福的工作环境可以让大家彼此信任，自己的劳动得到认可，同时还可以培养他们的责任感。

通过本章的介绍，我们希望能够给你的工作带来一些希望和激情，从而使你的工作更加幸福，也更加有意义。我们每个人生来注定都会去做一些事情，但愿今后我们的每一天都是一次新的旅程，对我们来说也会得到新的机会。

后 记

本书只是简要地介绍了积极心理学的一些基础知识，但是我希望通过它，你能够对那些有利于身心健康、同时也可以给你带来幸福的因素有个深刻的认识。

对我来说，这本书其实主要有三个主题。第一个就是选择，我们以选择开始，所以也应该以选择结束。第二个是复杂性，最后一个是创造力。

选择

我们可以选择。生活中如何思考问题、如何看待这个世界、如何规范自己的行为等等，我们都可以进行选择。我们的选择决定了我们的人生。

读完这本书，你或许可以选择这样做：

- 学会感恩
- 对他人更友好、更慷慨
- 更加乐观地思考问题
- 拥有更多乐趣
- 为了自己的目标努力，选择全身心地投入
- 科学看待每天发生的事情、他人的看法以及自己周围的这个世界
- 学会观察
- 学会从身边发现生活的美
- 按照自己的理想去生活
- 拥有一个健康的时间观

- 接纳自己，学会欣赏自己和别人身上的优点
- 从生活中寻找意义
- 吃好饭、多运动

实际上，我希望你自己多做选择，学会培养自己的自主性，因为你才是自己生活的创造者。内尔森·曼德拉在这一点上做得很好，充分显示出自主性的长处：当你无法控制自己的生活时，你仍旧可以控制自己的思想（内尔森·曼德拉）。在这方面，曼德拉是我们这个时代的典范。

复杂性

对于幸福和颇具成就感的生活来说，我想你肯定已经注意到了，它是受多重因素影响的。事情都很复杂，但同时也会非常简单，因为改变生活中的一个小的方面就会影响到除此之外的其他方面，这反过来也会对整个生活产生影响。

当我们把随机性作为一个参数输入最基本的计算机程序，计算机从最简单的程序运行开始，慢慢就会变得复杂。科学家斯蒂芬·沃尔福兰非常形象地为我们展示了以上过程。他的目的不在于让我们感觉这个实验是多么的有趣，而是提醒我们，从复杂再回到简单，或者随机的情况下去预测最后的发展结果，这对我们人类来说并不总是能够轻易做到。通过运行非常简单的计算机程序，沃尔福兰为我们创造出非常复杂和美好的画面。

在某些方面，积极心理学跟沃尔福兰做的实验一样，它试图发现那些能够带给我们最美人生的密码或者初始程序。哲学家与神秘主义者也在进行相同的努力，并且得到几乎相同的结论。所以，很多研究结果从一定程度上体现出古代神秘主义色彩也就不足为奇了。然而，我们需要记住的是，有很多描写和记录诸神及圣人行为的书籍都是后人写的，后人也把他们的做法作为人类行为的努力方向和最高标准。在这方面，佛祖、耶稣以及苏格拉底自己并没有写过什么东西。他们的教化通过人们的实践而得以实现。在人们处理个人与他人关系时，诸位神灵及圣人的故事和原则会召唤着人们去模仿。对这些教义的最好理解就体现在人们的具体实践中。

科学家们总是试图把万事万物都分解成最小的单位，然后从这些最小单位或个体上来理解和解释事物的整体。但是，从这些最小的单位层面看世界，所有东西都与科学研究本身分不开了。人类的生活并不是孤立的，其本身也有好多因素组成，都是相互联系的。每个想法、每句话以及每件事情都与他人之间有着千丝万缕的联系：我们生活的环境、周围的同类，或者我们自身的欲望、需要、抱负以及恐惧等，与每种行为和思想产生的效果一起，就像回声探测仪一样，相互之间都会产生巨大作用。

当一个人感觉幸福的时候，他就会更加友好、更加慷慨、更会感恩，同时也更加健康。如果一个人变得热情、喜欢与他人交往、富有同情心，同时又渴望自身成长，那么受他的影响，他的朋友也会跟着受益。就像小额贷款被认为是从社会内部增强人们经济实力的绝佳手段一样，积极心理学告诉我们，对于生活的这个世界，还有身边的人，我们对其稍加注意，其积极作用就会明显地展现出来。它不单会促进我们的自身健康，同时也会给我们身边的所有东西带来积极的影响。从一定程度上说，积极心理学试图寻找一种方式，让我们从童年到老年都快乐、幸福地生活。每一次，当你选择去学习、提高与发展自己时，其实你改变的不仅仅是自己的能力，也不仅仅是自己的身心健康，还有更重要的其他东西。我们的行为以及思想，哪怕做出一点点改变，都会对我们的人生产生深远影响。

我们人类很复杂，我们生活的这个世界也很复杂，有些时候甚至复杂到科学都难以给出合理的解释。但是，任何复杂的事物都是从简单开始的。在积极心理学的研究中，我们可以发现很多蝴蝶效应的情况。请记住，芭芭拉·弗雷德里克森告诉我们，在消极情感与积极情感对人们产生的影响上存在一个临界值，那就是3∶1。这与混沌理论研究发现的效果颇为相似。一只蝴蝶轻微地扇动它的翅膀，就会给地球另一端带来可怕的飓风。所以生活中每一个小小的改变对你来说都很重要。就像古老的谚语所说，"因为马蹄铁上少了一颗钉子，失去了一匹战马；因为这匹战马而失去了骑兵；因为少了一个骑兵而输掉了一场战争；因为输了这场战争而失去了整个国家；而所有这些皆因当初马蹄铁上少了一颗钉子"。这句话阐述得非常精辟。

> 温馨提示

作为学习和研究的主题，幸福而富有成就感的生活对我们来说非常重要。然而，对于什么可以给我们带来健康和幸福，如果急于寻找答案，就很容易让人们陷入一种理想化的幻想中。别人的经验总是把一些个人的实践和观点随意地汇总到一起，片面地声称，此类方法可以带给我们幸福而美满的生活。所以在阅读本书时，也要做到心中有数。积极心理学利用最科学的方法，让我们了解到什么可以给我们带来幸福的生活，也总是声称确切地知道这个问题的答案。但是，证明了一种办法有效，如果换一个人，也使用相同办法，我们就很难预测是否有效了。例如，二十五年前，心理学研究发现了沮丧和自尊心低下之间有着一种相关关系。所以，激发一个人的自尊心使之找回自信成了心理学家长期努力的目标。然而，在对自尊进行了更多研究之后发现，较高的自尊对自己是有好处的，而对别人没有任何好处。有着较强自尊的人往往对他人不够友好，也更容易欺骗别人，很多时候表现得损人利己。有了较强的自尊之后往往产生不好的后续效果。这与现在我们对于某些食物存在的认识困境一样，例如人们发现食用蓝莓可以降低患上癌症和心脏病的风险。但是同时我们也知道，如果把蓝莓作为主食，就会产生很多毒素，对人体的伤害也是非常大的。科学研究一次次地证明了任何事物都具有两面性。如果过度使用自己的长处，时间久了它就会成为一个人的缺点。同样，如果自己的能力与天赋从某个新的方面受到一定的挑战，它也会很快地增长。

到目前为止，积极心理学可以用来指导我们的生活，而不是对其照搬照抄。每个人经历幸福的实际情况都很复杂，它是一个人先天和后天的思维及感觉相互作用而形成的一种心理体验。但令我们欣慰的是，我们可以通过自己的努力来影响自己的心情，从而提高我们的生活质量。

创造力

创造力在本书中并没有详细阐述，但它却是美满幸福生活的生动体现。

我们从事的每件事情都属于创造,至少存在创造的可能。每次我们给予他人一个微笑时,我们就创造了一种氛围。创造性表现在我们所从事的每一件事情上,不管是工作还是与人交往,都是这样。在与家人和朋友相处时,它体现的是我们对相处氛围的积极影响。对我们来说,完成那些不费吹灰之力的事情也是创造。我们每个人都是创造者,就像爱迪生与牛顿一样。我们的生活中充满创新。

处在衣食无忧的环境,一个人也可以创造出地狱;尽管生活潦倒,一个人也可以创造出天堂。这是一个人自己的选择:"只要相信生活值得我们去品味,那么信念就会创造出现实"(威廉·詹姆斯,1842—1910)。

附 录

价值观列表

1. 丰富
2. 认可
3. 容易接近
   (Accessibility)
4. 成就
5. 准确性
6. 成绩
7. 承认
8. 积极
9. 适应性
10. 崇拜
11. 熟练
12. 冒险
13. 喜爱
14. 富裕
15. 进取精神
16. 敏捷
17. 警觉
18. 利他主义
19. 雄心壮志
20. 娱乐
    (Amusement)
21. 可以预料
22. 欣赏
23. 易接近
    (Approachability)
24. 口齿清楚
25. 果断
26. 确信
27. 专注
28. 魅力
29. 放肆
30. 有用
31. 察觉
32. 敬畏
33. 平衡
34. 美丽
35. 追求完美
36. 归属感
37. 慈悲
38. 幸福
39. 大胆
40. 勇敢
41. 才华
42. 心情愉快
43. 镇静
44. 友情
45. 坦率
46. 能力
47. 关心
48. 慎重
49. 谨慎
50. 名誉
    (Celebrity)
51. 确定性
52. 挑战
53. 仁慈
    (Charity)
54. 迷人
55. 贞洁

56. 快乐
57. 清楚
58. 干净
59. 头脑清楚
60. 机灵
61. 封闭
62. 安逸
63. 承诺
64. 热情
65. 完成
66. 沉着
67. 集中注意力
68. 自信
69. 遵守
70. 适合
71. 关系
72. 觉悟
73. 连贯性
74. 满足感
75. 连续性
76. 贡献
77. 控制
78. 坚信
79. 喜欢交际
80. 冷静
81. 合作
82. 诚挚
83. 正确性
84. 勇气
85. 礼貌

86. 熟练
　　(Craftiness)
87. 创造性
88. 可靠
89. 有眼光
90. 好奇
91. 大胆的
92. 果断
93. 举止得体
94. 恭敬
95. 高兴
96. 可靠性
97. 深刻
98. 欲望
99. 决心
100. 奉献
101. 虔敬
102. 心灵手巧
103. 尊严
104. 勤奋
105. 有目标
106. 直率
107. 纪律
　　(Discipline)
108. 发现
109. 自行决定
110. 多样性
111. 优势
112. 梦想
113. 动力

114. 义务
115. 活力
116. 渴望
117. 节约
118. 狂喜
119. 修养
120. 有效性
121. 效率
122. 得意洋洋
123. 高雅
124. 移情
125. 鼓励
126. 忍耐力
127. 精力
128. 享受
129. 娱乐
　　(Entertainment)
130. 热情
131. 卓越
132. 兴奋
133. 振奋
134. 期待
135. 自私自利
136. 经历
137. 专门技术
138. 探索
139. 表情丰富
140. 铺张浪费
141. 外向性
142. 感情丰富

143. 公平
144. 信念
145. 名誉
    (Fame)
146. 家庭责任感
147. 吸引力
148. 时髦
149. 无所畏惧的
150. 狂暴
151. 忠诚
    (Fidelity)
152. 残忍
153. 经济独立
154. 坚定
155. 健康
156. 灵活性
157. 游刃有余
158. 技巧精湛
159. 有重心
160. 不屈不挠
161. 直率
162. 自由
163. 友好
164. 俭省
165. 有趣
166. 殷勤
167. 慷慨
168. 温文尔雅
169. 给予

170. 优雅
    (Grace)
171. 感激
172. 成长
173. 引导
174. 幸福
175. 和谐
176. 健康
177. 亲切
178. 有用
179. 英雄主义
180. 神圣感
181. 诚实
182. 荣誉
183. 满怀希望
184. 热情好客
185. 谦逊
186. 幽默
187. 讲究卫生
188. 想象力
189. 影响
190. 公正
191. 独立
192. 勤劳
193. 精巧
194. 求知欲
195. 有深刻见解
196. 鼓舞人心
197. 正直
198. 智力

199. 强烈
200. 亲切
201. 刚毅
202. 内向性
203. 直觉
204. 直觉的知识
205. 创造力
206. 投资
207. 享乐
208. 明智
209. 公正
210. 敏感
211. 仁慈
    (Kindness)
212. 知识
213. 领导才能
214. 学问
215. 解放
216. 自由权
217. 活泼
218. 逻辑性
219. 长寿
220. 爱
221. 忠诚
    (Layalty)
222. 需求不同
223. 精通
224. 成熟
225. 卑躬屈膝
226. 稳重

227. 一丝不苟
228. 留神
229. 谦逊
230. 积极性
231. 神秘感
232. 整洁
233. 勇气
234. 顺从
235. 思想开明
236. 直率
237. 乐观
238. 条理性
239. 纪律性
　　(Organisation)
240. 独创性
241. 异国风格
242. 残暴
243. 热情
244. 和平
245. 有洞察力
246. 完美主义
247. 坚忍不拔
248. 坚持不懈
249. 口才好
250. 博爱主义
251. 孝顺
252. 爱开玩笑
253. 和蔼可亲
254. 愉快
255. 镇静

256. 优雅
　　(Polish)
257. 受欢迎
258. 效能
259. 权力
260. 实用性
261. 实用主义
262. 精确
263. 有备无患
264. 参与
265. 隐私
266. 先发制人
267. 有职业水准
268. 繁荣兴旺
269. 深谋远虑
270. 守时
271. 纯洁
272. 现实主义
273. 理性
274. 通情达理
275. 承认
276. 消遣
277. 精益求精
278. 反思
279. 松弛
280. 可靠性
281. 虔诚
282. 适应能力
283. 决心
284. 决定

285. 足智多谋
286. 尊敬
287. 休息
288. 克制
289. 尊严
290. 富裕
291. 艰苦
292. 浪漫
293. 神圣
294. 牺牲
295. 智慧
296. 圣洁
297. 气色好
298. 满意
299. 安全
300. 自我控制
301. 大公无私
302. 自力更生
303. 多愁善感
304. 纵欲
305. 沉着
306. 服务
307. 性欲
308. 乐于分享
309. 刁钻
310. 重要性
311. 沉默
312. 糊涂
313. 俭朴
314. 诚挚

315.熟练
　　(Skiufulness)
316.团结
317.孤独
318.速度
319.精神
320.灵性
321.自然性
322.稳定性
323.静止
324.力量
325.结构
326.成功
327.支持
328.最高权力
329.惊奇
330.同情
331.增效作用
332.团队工作

333.节欲
334.感恩
335.彻底性
336.体贴
337.节俭
338.整洁
339.及时
340.因循守旧
341.宁静
342.卓越
343.信任
344.值得信赖
345.真理
346.理解
347.镇定
348.独特性
349.一致性
350.有用
351.实用

352.英勇
353.多样化
354.成功
355.精力
356.美德
357.想象力
358.生命力
359.精力充沛
360.温暖
361.小心
362.财富
363.任性
364.心甘情愿
365.获胜
366.才智
367.随机应变
368.奇迹
369.青春

附录